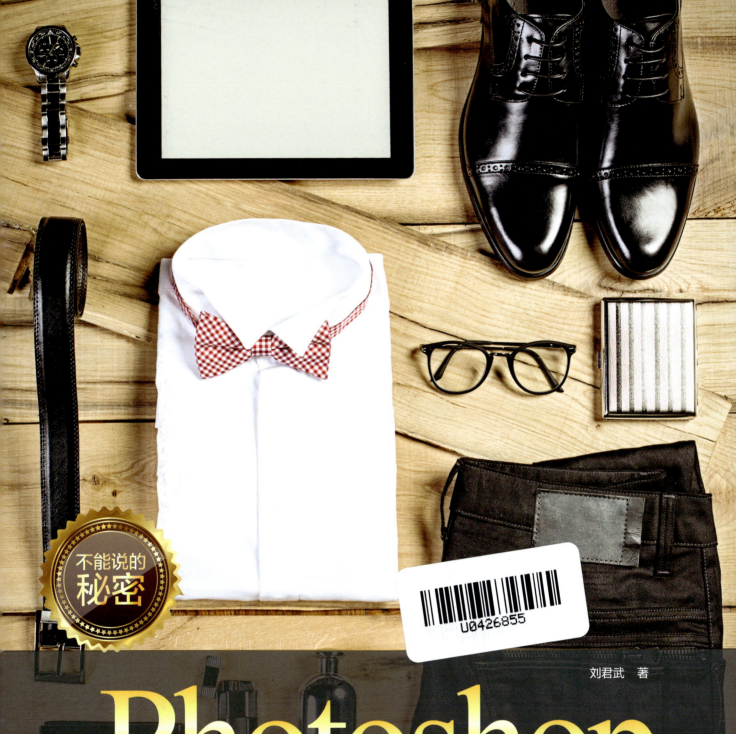

不能说的秘密

刘君武 著

Photoshop
淘宝电商摄影后期修图必备秘籍

电子工业出版社
Publishing House of Electronics Industry
北京·BEIJING

内容简介
INTRODUCTION

在商业摄影行业里，后期修图的重要性已经超过前期拍摄。

淘宝天猫里的产品详情页照片效果，拍摄技法作用占60%，后期修图作用占40%；但是在网页版头广告、画册、海报灯箱里，后期修图作用则占60%（产品效果），而摄影，只是拍摄素材。

本书讲解如何使一张普普通通的照片，摇身一变成为具有无比质感、光感及产品诱惑力的照片。专业修图技术是根据材质和结构来划分类型的。因此，本书提供了不同的代表产品（以及人物的人像照片），分别讲解技术要点。具体包括：透明白色瓶子、面膜、软质（牙膏）管、液体与玻璃组合、金属反光面、乳液、人像、人像海报合成。

本书的修图技术基本涵盖了4A广告公司水平的产品修图范围。掌握了这些技术并加以练习，即可成为高级修图师，完全胜任淘宝美工和广告公司的工作。

本书读者对象为：修图师、淘宝美工、淘宝店主、广告公司设计师、贸易公司产品摄影师、摄影师、欲学习Photoshop的人士。

未经许可，不得以任何方式复制或抄袭本书之部分或全部内容。

版权所有，侵权必究。

图书在版编目（CIP）数据

不能说的秘密. Photoshop淘宝电商摄影后期修图必备秘籍 / 刘君武著. -- 北京：电子工业出版社，2017.10
ISBN 978-7-121-32463-5

Ⅰ.①不… Ⅱ.①刘… Ⅲ.①图象处理软件 Ⅳ.① TP391.413

中国版本图书馆 CIP 数据核字 (2017) 第 195366 号

责任编辑：姜　伟
文字编辑：赵英华
印　　刷：北京富诚彩色印刷有限公司
装　　订：北京富诚彩色印刷有限公司
出版发行：电子工业出版社
　　　　　北京市海淀区万寿路173信箱　邮编：100036
开　　本：787×1092　1/16　印张：12.75　字数：326.4千字
版　　次：2017年10月第1版
印　　次：2018年10月第2次印刷
定　　价：79.00元

凡所购买电子工业出版社图书有缺损问题，请向购买书店调换。若书店售缺，请与本社发行部联系，联系及邮购电话：（010）88254888，88258888。
质量投诉请发邮件至zlts@phei.com.cn，盗版侵权举报请发邮件至dbqq@phei.com.cn。
本书咨询联系方式：（010）88254161～88254167转1897。

P 前 言
REFACE

在这个人人都买得起一部专业相机、人人都会操作Photoshop的时代，修图师作为一门职业，越来越成为年轻人的就业方向。

但是，修图这项工作可不仅仅是去除脏点、抠底换背景那种纯工具性的操作——即使是一个普通人，也会在photoshop里完成浅显的、无须创造性的工作。

要想成为一名专业的修图师，需要从思维上，也就是从自己的起点、立足点上，设定到专业的层次上去。

专业的修图，是赋予修饰对象以新的生命——你需要重新去强化/创造拍摄对象的结构、层次、质感、光影关系，并且把这些处理好的素材再合成创作为最终的海报画面，用在网上或印刷品里。

要理解修图工作的意义，可以想象一下杂志封面上的那些明星照片，再对比刚拍出来的照片(如果能找得到)，你一定会惊掉下巴。一个顶尖的人像摄影师，背后一定有一个强大的修图师团队——人像修图本身是一项工作量很大的工作，需要专门的人员去操作。所以我们经常会听人说："这照片不是拍出来的，而是修出来的！"

如果我们的处理对象是一件商品，那么修图的意义更是重大。你现在就可以直接翻开本书的任何一章，对比一下原图和修好的成片，体会其重要性。对于商品修图，我们需要有洞察其产品结构的能力，然后针对其结构，施以不同的技术。

一位专业的修图师对这个工作的理解，往往体现在下面这些话语里：

"大牌产品的广告创意照片，看起来像没修过，但又很高档。"

"修图，不仅要好看，更要真实；光影、质感，均必不可少，细节的处理最能体现个人的审美与能力。"

"现在天猫的产品图，要求越来越高，甚至中端的品牌对图片的要求也不亚于领头品牌。这是行业发展的必然现象，同时也对设计师、美工、摄影师提出了新的挑战。"

好吧，现在展现在你面前的这本书，就专门讲解专业修图师必备的技术秘诀。

在讲解技术的过程中，我们还提供了修图的思路。

我一直认为，思路甚至比技术更重要。换句话说，专业修图师真正厉害之处是他拿到一张图之后的分析。他知道哪里该修，哪里需要保留，以及该修的地方其修饰程度有多高。

在修图时，你的脑子里一定要看该张图片的大关系，看图片的光线对修饰对象的质感造成的影响，把握不同区域的色块之间的平衡，看黑白灰、明暗对比和过渡，以及画面里各元素之间的关系。这些应该成为你头脑里的本能反应。

因此，我们平时应该多做修图练习（一是练技术，二是练耐性），还要多看时尚杂志，看杂志广告页里美轮美奂的产品照、人像照，猜测它们的原始图片是什么样子的，猜测它们的修图师使用了哪些"整形术"、调色术、去瑕术等。

下面，我们介绍一下本书的结构。

本书分为12章，大体上是根据材质划分的，案例选择的对象则是修图师／摄影师们在实际工作中最经常碰到的，它们有透明材质、高反光材质、最易起褶皱材质、最容易变形材质、结构十分复杂的商品，以及人像修饰。其中Part 1的"白色透明材质精修"是入门和基础，我们用了70个步骤，并加粗标注重点步骤，希望读者能够耐心阅读并实际操作。

在技术难度方面，我们向4A广告公司对图片的要求看齐——本书的技术讲解者洪伟展老师长期服务于4A广告公司和直接品牌方，这为我们提供了有力的技术保障。

本书的技法和思维解释得比较详细，我们力求从一开始就让你高屋建瓴，像修图高手一样去操作。如果你想成为修图高手，那么最佳途径就是先从高级技术学起，因此本书就从这里开始讲解。

按照本书的内容结构，如果你照着练习一遍，那么你就能够掌握修图师必备的基本技术框架和修图技术了，然后进行大量的实践练习，去遇见新问题、发展自己的新方法。

最后，我们再强调一下修图师工作的两个基本要求：一是技术，也就是你接下来打开本书将要实践的内容；二是耐心，修图师要比其他人更能坐得住。修一张人物的头像，用1天或1.5天的时间很正常；修一张产品图，用1～2小时也很正常（新手则需要更长的时间）。你的付出会得到丰厚的回报。

现在让我们开始吧！

参与本书编写的人员有陈声明、高旭、李洋、刘君武、王明爵、杨恒、杨凯新、罗富平、邓华军、付莽、甘慧、洪伟展、洪文楚、李宇光、邹美平。

C 目 录
ONTENTS

Part 1
白色透明材质精修 001

Part 2
根据材质特性进行修图 039

Part 3
亚光材质精修 059

Part 4
多种材质组合精修 078

Part 5
金属高光材质精修 094

Part 6
磨砂与高反光材质精修 113

Part 7
产品组合海报制作 124

C 目 录
ONTENTS

Part 8
彩色背景喷雾效果 132

Part 9
照明灯具精修 140

Part 10
手提纸袋制作 150

Part 11
商业人像精修 167

Part 12
海报最终合成 182

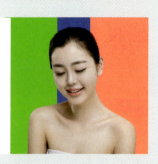

Part 1
白色透明材质精修

作为本书的开篇,我们从不带颜色的简单瓶子开始修图入门之旅。

对于入门的修图师,我们的建议是:先修整图片的大关系,比如有没有水平、左右对称的问题;其次是明暗关系,哪些要加深暗影,哪些要提亮高光;第三,就是色彩,主要是偏色和各部分的色彩明暗饱和问题(关于色彩的知识我们会在后面各章讲到)。

在以上3个大步骤之后(也许在第一步之后——你可以灵活操作),你可以进行修瑕疵/去脏点的(漫长)工作。

一件白色的物品，如果要在白色背景/底上清晰地浮现，修图师得从以下两个方面来体现：

一是它需要具有清晰的轮廓线，这使得它能够跳脱出背景；轮廓线不仅仅是指物品四周，还包括物品内部有光线透过来的部件、形状结构。

二是前期拍摄时它的表面接收到的摄影灯的光带、光点也必须明显。这才能带给观者以真实的感觉（不会被认为是矢量设计图）。

只要达到以上两个方面的修图效果，我们就赋予了白色物品以完整的结构。最后，再添加上矢量设计稿中的文字、LOGO，我们就修出了一张完美的产品照。

在白色底/背景上修出一件白色物品，是一个从点、线、面、光感这些修图最基本元素出发，直至物品形成的从无到有的过程，就像万物初生时出现了第一个单细胞生物，之后再进化，分裂为各种不同形态、不同色彩的其他物种——其他不同色彩、组合的物品。

因此，这一节我们会把步骤分解得比较详细。

下面首先看一下拍摄时的光位图。

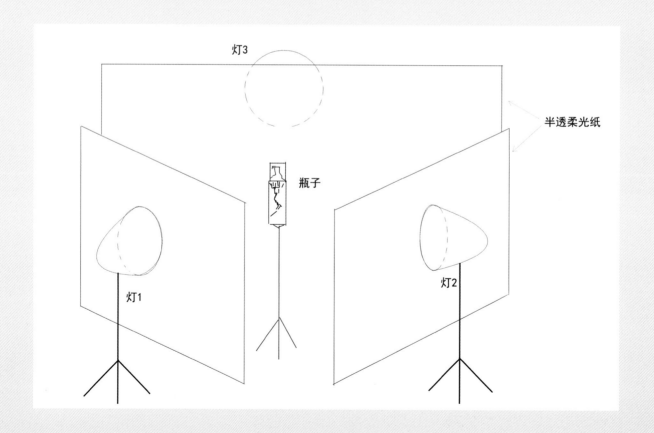

1 拍摄出来的原始照片如下图所示。

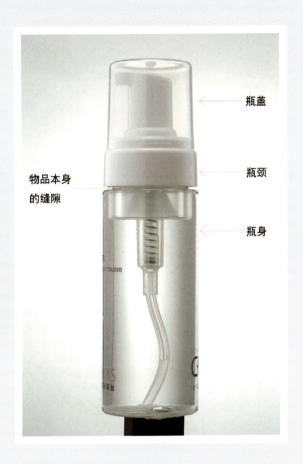

原始图片存在以下3个问题：

一是我们没有正着拍，因为我们需要保持瓶子内部吸管部分的结构清晰，而瓶身上的文字，后期会重新贴进来更为逼真的设计稿。

二是照片的偏色问题。我们在修图过程中勾描出来的线和光带是无色偏的，它们会逐步修正原始照片的偏色，并且最后一步还会再进行整体调色。

三是瓶子本身不够严密的缝隙，我们会在后期轻轻地推移上下部分把它们盖住。瓶子还存在透视变形问题，比如盖子下宽上窄，这些都可以校正。

修图最重要的是看结构。图中我们已经用箭头注明，这个白色透明的瓶子分为三大部分：瓶盖、瓶颈、瓶身。这三大部分再往下细分，又可以罗列出喷嘴、喷嘴的基座、瓶身内筒、吸管等。

我们修图的方向是：先认清物品的结构是什么（非常重要），然后分三大步完成：校正形状；塑造各部分的轮廓；塑造各部分的表面。

现在，让我们一步步往下开始修图吧。

我们先把瓶子的三大部分用钢笔工具抠取出来，形成3个各自不同的工作路径。每次要修各个部分时，就激活它们各自的工作路径。

2 观察瓶盖部分,最明显的是透视变形;顶部中心突出的圆球是铸模的痕迹,应该去除。

3 虽然看起来瓶颈部分的表面是弯曲的,但是以修图师的眼光来看,我们仍然要看出平凡表面下复杂的结构。

　　首先,它两侧的灰色轮廓光带;其次,它中间的由白到灰的过渡;第三,它顶部边缘的白色光边。对结构看得越细致,修出来的图片就越精美。

4 在抠取透明瓶身时,我们得扩大一点范围,让它进入到瓶颈区域。这是为了防止各部分在衔接部位出现脱节。

5 现在，回到瓶盖的工作路径（在右侧"图层""通道""路径"的组合面板里），在"路径"面板里找到瓶盖的路径，按下 Ctrl 键的同时单击它，就会激活瓶盖选区。

按下 Shift + F6 组合键，将其羽化，"羽化半径"为 0.5 像素，然后按下 Ctrl+J 组合键，将其复制为单独的图层进行处理。

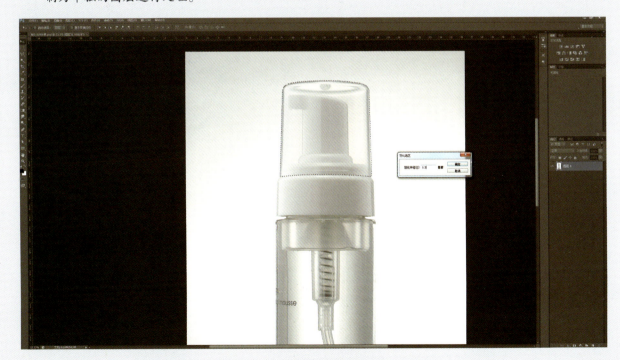

6 我们在激活瓶颈和瓶身的工作路径并把它们复制为单独的工作图层时，也要用同样的方式，将其羽化 0.5 像素，如此则边缘既不会模糊，也不会因太过生硬显得不真实。

7 为便于观察，添加底色。

这一步，给所有抠出图层的底部新建一个图层，填充一种较深的颜色。有了对比，修起图来更方便观察。

可以看到，在右边的"图层"面板里，我们把瓶颈图层（图层3）移到了最上方，这样瓶盖和瓶身图层向它靠拢时就会出现在它的下面，形成无缝对接。

需要说明的是，我们在修图时为了方便观察，会随时拖动"图层"面板中图层的上下位置，所以当你看到不同步骤的屏幕截图中图层位置不一致时，不用去理会。

8 为校正瓶形可以拖出参考线。

我们现在要校正瓶子的透视变形。首先得给瓶子拖出参考线。瓶身和瓶颈（图层2和图层3）的宽度相同，因此我们依次从瓶颈、瓶身的左右两边拖出两条竖向的外参考线，再从瓶盖的左右两侧拖出两条内参考线。

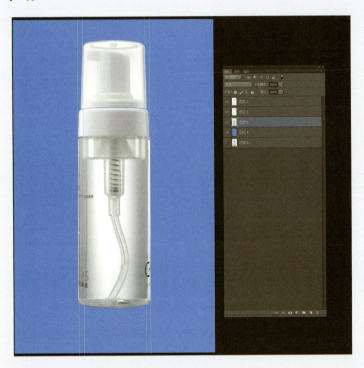

9 再根据3个部分的顶和底，拖出横参考线。

此时我们已经用参考线给瓶盖、瓶颈、瓶身确定了位置。

10 调整瓶子外形：从横平竖直的参考线可以看出，瓶颈部分不够规则。

这里隐藏其他两个图层（在"图层"面板中单击相应图层的眼睛图标），方便观看瓶颈。

按下 Ctrl+T 组合键调出变形工具，再按住 Ctrl 键并拖动变形框的四角，使瓶颈四边与参考线契合，双击或按下 Enter 键确定。

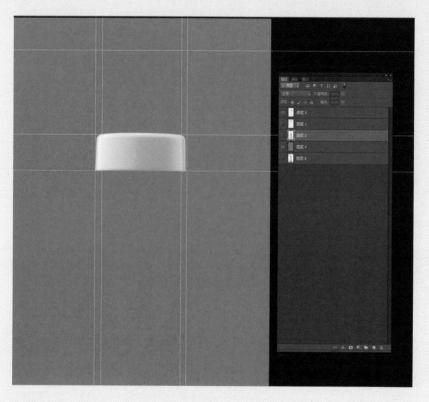

11 现在，我们看到的是一只方方正正的瓶颈。

同样按下 Ctrl+T 组合键进行变形，把瓶盖和瓶身依据参考线的位置将其调得方方正正的。

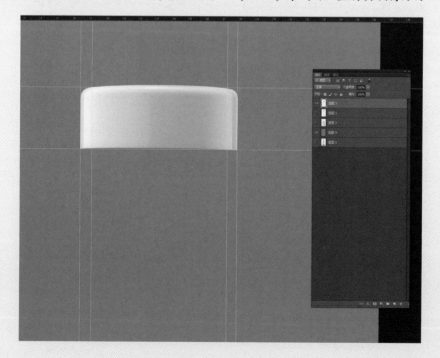

12 3个部分完美对接。当我们把3个部分的外形调整好之后，再按下V键，轻移它们的位置，让3个图层居中对齐，并把瓶盖、瓶身图层向中央的瓶颈缩进，形成完美的对接。

好了，可以清除参考线啦。

13 喷嘴的结构。

从这一步开始，我们从上到下开始精修。

先做瓶盖里面的喷嘴。

修图时最重要的是先看结构。这里我们用红线标出因结构而形成的瓶嘴修图区域。这3个区域的形状、光位、光影都不一样，这是我们划分它们的依据。根据形状、光位、光影，要分清楚修图对象的结构。

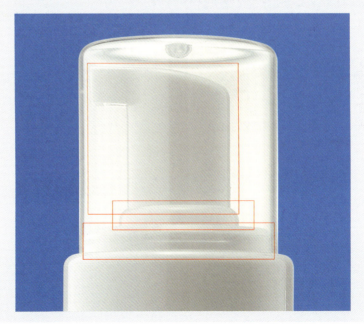

14 喷嘴的 3 个部分的修图。

对于标出来的 3 个部分，我们要对它们进行怎样的处理呢？可能和你猜想的不一样，我们只是对它们进行校正外形、去除脏点的处理。

这是一项细致的工作，但是如果只用一句话带过而不展示出来，你就看不到修图师用这些平常的工具所做出的细微而意义重大的改变了，甚至会轻视这几步操作。

好，开始抠图。先抠出红框标示的喷嘴最下部分，激活为选区，并羽化 0.5 像素。

15 按下 Ctrl+J 组合键，把抠出来的部分复制为单独的图层。

随后，我们对另外两个红框区域做相同的抠图、羽化和复制。

16 下图所示为所抠取的中间红框区域的路径。在抠图时，我们把其区域扩大到最下部分，这样将各部分拼合时就不会有缝隙。其道理和前面抠取瓶盖、瓶颈、瓶身时一样。

因此，喷嘴 3 个部分的图层，要记得在右边"图层"面板中把它们按相应的顺序上下排列，一个压住另一个，形成无缝拼合。

17 前面第 13 步用红框标示出来的 3 个喷嘴区域，抠取出来后如下图所示。它们的形状其实并不规则。所以我们要用与此前相同的变形工具对它们进行校正。

18 仍然用标准参考线（横线和竖线），分别拉正喷嘴的 3 个区域，使它们的形状与参考线契合。具体做法这里就不重复了。

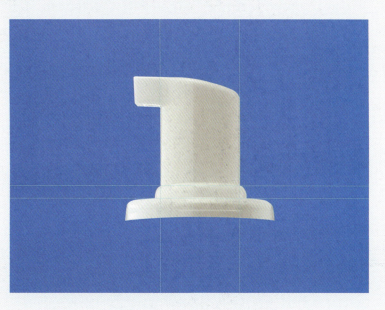

19 锁图层，修脏点。

如果你仔细看，可以发现喷嘴上面存在小灰尘和瑕疵（你也可以找一些看起来拍得很干净的产品，把它放大 200% 去查看，就会发现很多瑕疵）。

我们得花几分钟的时间来修掉脏点，使用的是修复画笔工具和仿制图章工具。

修复画笔工具（以及和它同一家族的修补工具）用来处理大面积的脏点，它的计算效果非常精确，只要在瑕疵附近取样，然后在瑕疵上单击，总能不留任何痕迹地去除脏点。

仿制图章工具用来修边缘处及十分靠近边缘的脏点。在脏点旁边取样，然后单击脏点，它会很好地盖住脏点。但是，如果用它修复大面积的脏点，却有可能形成你不想看到的圆斑点。

在去除脏点时，我们在哪个图层上操作，就要锁定其他图层。这样我们会始终都在该图层里活动，即使我们修补图层的边缘，也不会误把其他图层的像素信息复制进来。

有一个问题要注意，大面积出现的光斑、短小的白光，也应视为脏点，一并修掉，这样画面才会显得很干净。

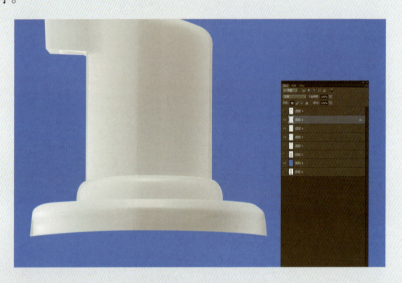

20 现在，把透明瓶盖的图层显示出来，继续修脏点。透明顶盖中心的塑料圆球也是多余的，这里一起修掉。

21 修完盖子上的脏点。

比较一下修除脏点前后的变化，你就能明白这道工序的意义。这道工序比较枯燥，一定要有耐心，而且专业修图师必须过这一关。

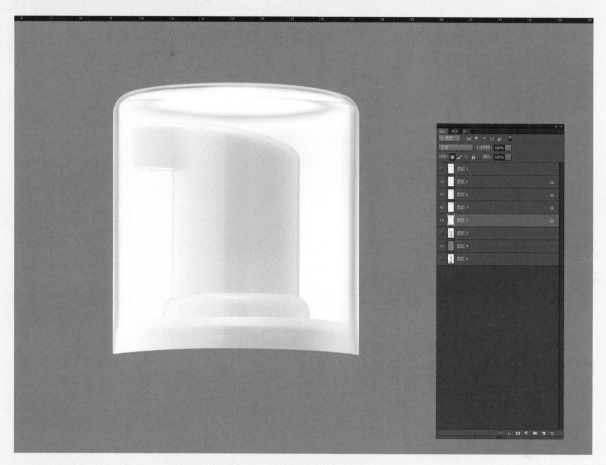

22 灰色轮廓。

现在，我们要为透明瓶盖四周发白的白色边缘加一圈灰边（灰色轮廓），让瓶盖的立体感显现出来，并与背景拉开层次。我们不需要四周出现白边，因为等我们去掉蓝色的背景返回到白色背景时，瓶子就会与背景融合在一起，这是我们不愿看到的。

灰色轮廓要怎么做出来呢？首先，我们在瓶盖图层上面新建一个载入图层（快捷键：Ctrl+Alt+G）；载入图层的特点是：在此图层上画的灰色轮廓，将会与它下方（瓶盖）图层的边缘完美契合。

我们现在是在载入图层上操作。首先用吸管工具，在边缘轮廓附近的灰色位置单击一下，则工具箱下方的"前景色"就变为该灰色。然后，用画笔工具在载入图层的四周画上灰色轮廓。

为保证画出既均匀又笔直的轮廓灰带，请先用画笔工具单击一处，再按住Shift键，单击另一处，这两点之间就会拉出一条匀直的灰带。

一旦画完灰轮廓，就合并这个载入图层和下方的透明瓶盖图层。

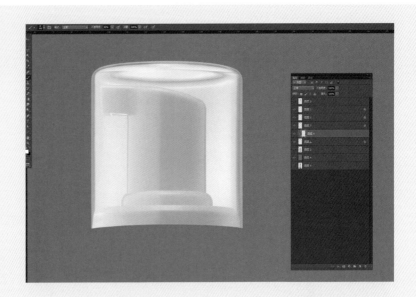

23 现在,我们要在白底透明的瓶盖内部做一个白色透光的效果,这样瓶盖会显得更通透。

跟上面加灰色轮廓的方法一样,首先在透明瓶盖的图层上载入一个图层(即"载入图层")。但是这次,我们用不透明度50%的大号柔边白色画笔在透明瓶盖的中间涂画,透明瓶盖的通透感即做出来了。

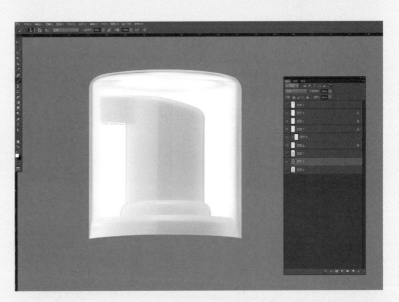

24 瓶盖部分基本完成。在右边的"图层"面板里为瓶盖创建一个组。

25 处理瓶颈。

从这一步开始处理瓶颈部分。

前面已经介绍了怎么给瓶颈加灰色轮廓，即在瓶颈图层上面载入新图层（快捷键：Ctrl+Alt+G），在旁边取样灰色，用画笔画灰色轮廓，合并图层。

瓶颈右边内侧细细的高光显得突兀，因此也要修掉它。使用修复画笔工具时有一个技巧：按住Shift键，用修复画笔工具从高光的顶端往下拉，这条细高光就立即被消除了。

瓶颈只有一个图层，没有分结构，就不用新建组了。

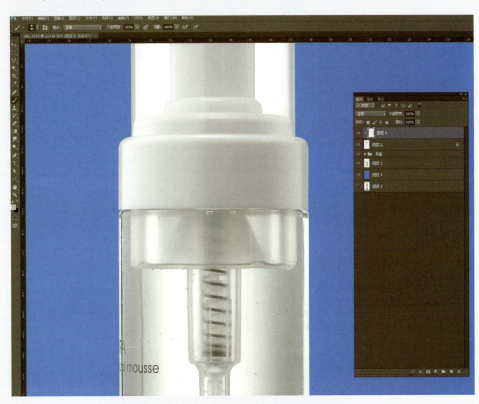

26 瓶身。

瓶身也要分结构。首先把瓶身内腔的吸管部分单独提出来。这里用红线把它们标示出来，共分为4段。

27 抠出瓶身内部的内腔吸管结构。

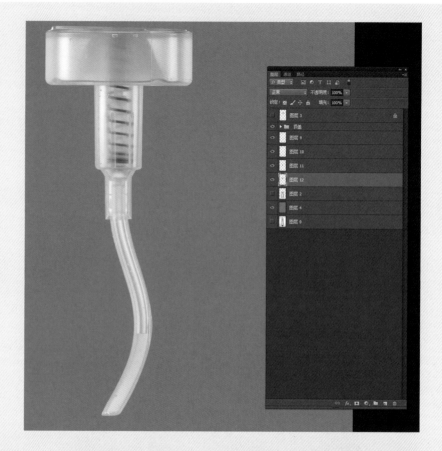

28 这一步开始漫长的修脏点工作。

单击"图层"面板里瓶身图层左侧的眼睛图标，使瓶身所有的部分都显示出来。将图像放大200%~300%。

这里仍然是综合使用修复画笔工具和仿制图章工具。仍然用载入图层，或者不用载入图层，但是把正在处理脏点的图层"锁定"（就在右边"图层"面板的顶部）。

瓶身面积大，因此比之前修饰瓶盖更需要耐心。

请注意：细细的高光带属于干扰光线，要修掉。

水泡可以根据需要决定其去留。

瓶身上的字也要修掉，最后我们会重新加上文字。

修完脏点后，与修改之前的画面对比一下。

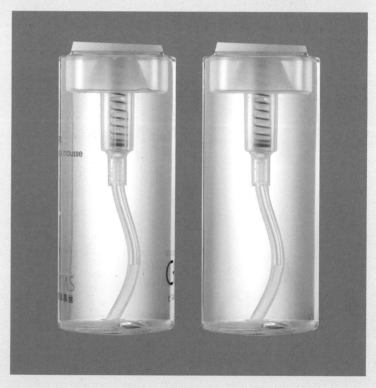

29 瓶身白边。

我们还要修掉瓶身两侧的白边，如右图中红箭头所指。

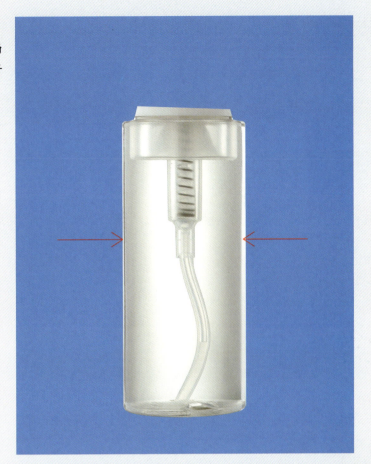

30 这次我们不用画灰色光带的方式，而是使用白边内侧的灰色去填充白边，这样可以使光带的过渡更加自然。

用选框工具选取左边边缘，按下 Ctrl+J 组合键，进行复制，再按下 Ctrl+Alt+G 组合键在此复制图层上载入新图层，按下 Ctrl+T 组合键进行变形操作，把变形边框左边线往左拉，压住底下图层的白边，以消除白边。

当进行变形拖动时，会把不该扩大的部分扩大，因此，要建立蒙版，并用黑色画笔擦除。

瓶身的右侧也使用同样的方法来操作，去除白边。

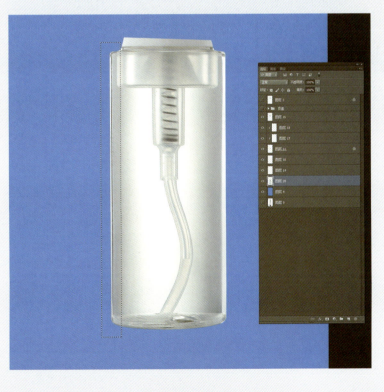

31 现在，瓶身很干净，但它失去了轮廓层次，这是因为缺少光带。

选中瓶身图层，按下 Ctrl 键的同时单击"图层"面板里的该图层，激活这个图层，它会变为选区（蚂蚁线）。

按键盘上的右方向键把这个蚂蚁线往右移，至于移动多少，看你的美感和经验。

然后新建一个图层，它将只是蚂蚁线那么大的区域。

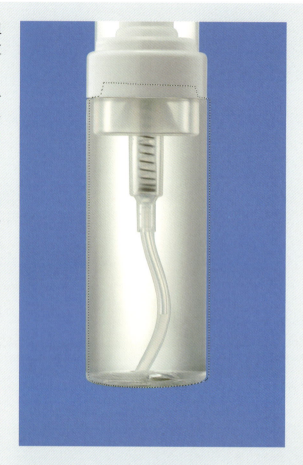

32 边缘的白色光带。

这一步要把这个蚂蚁线图层变为白色的渐变光带。

首先按下 G 键，切换到渐变工具；把工具箱下端的"前景色"变为白色，在工具选项栏把渐变方式改为"前景色到透明渐变"。

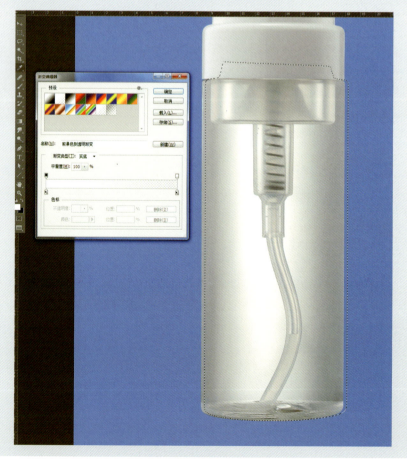

33 然后从左到右，拉出一条渐变光带，灰色的边缘内侧即出现了白色光带。这可比拍出来的光带漂亮多了！

这个光带很生硬，因此可以对其进行高斯模糊处理，"半径"为3像素。为了看得更清楚，把蓝底换回白色。

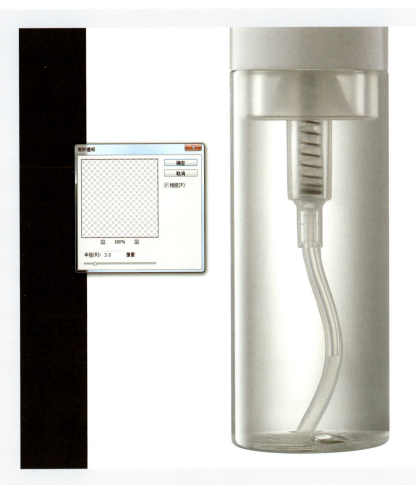

34 白光带内侧、向瓶身中心靠近的灰色条带颜色不够重，因此瓶身的立体感不强。所以下面再做出一条灰光带。

复制白光带图层，锁定，用渐变工具填充灰色（通过前面的操作你已经知道怎么用渐变工具填充灰色了），这样就做出了一个灰色图层。

把这个灰色图层往瓶身中央平移，解锁，在"图层"面板里把它的"混合模式"改为"正片叠底"。

35 把正片叠底的灰光带图层进行高斯模糊处理。

刚才平移灰光带图层时，它的顶端和底端必然有一部分要擦除才能和下面图层结合得没有痕迹。因此，我们仍然要使用蒙版。

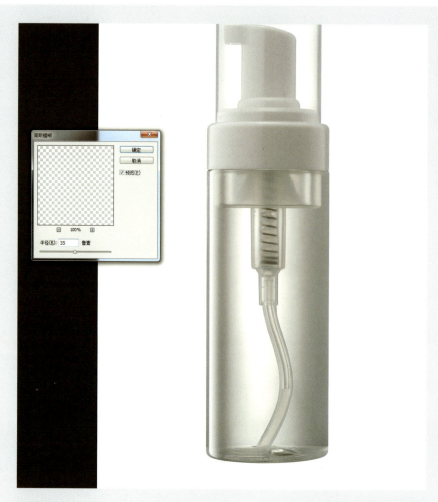

36 把左边的白光带和灰光带同时复制在瓶身的右侧。

具体操作是：按住 Ctrl 键，在"图层"面板中分别单击选中白光带图层和灰光带图层，将其拖到"图层"面板底部的"新建图层"按钮上，复制这两个图层。

然后，按下 Ctrl+T 组合键调出自由变换控制框，单击鼠标右键，在弹出的快捷菜单中选择"水平翻转"命令，并拖动到右侧位置。此时瓶身右侧的光带即制作完成。

37 处理瓶底。

现在处理瓶身的底部。你会发现前面步骤中对瓶底的脏点处理得不尽如人意,那么再回到瓶身图层,按 Ctrl+Alt+G 组合键载入新图层,用仿制图章工具修脏点,把斑驳的点全改为流畅的面和线条的过渡。

这样就得到了一个干净的底,但由于缺少光带,所以还不够完美。

38 下面让底部更完美一些。

对于瓶底图层,按下 Ctrl 键并单击以激活它(即载入选区),往上轻移,然后新建一个图层(此图层的大小就是蚂蚁线选区那么大,它的下边缘就在轻移之后比瓶底高几个像素的地方),用白色柔边画笔(硬度为 0,不透明度为 50%)在底边轻擦,形成底边高光带。

请不要忘记进行下一步:为此图层建立蒙版,并用黑色画笔在此蒙版上把两端多余的高光带擦去,此高光带就和周围浑然一体了。

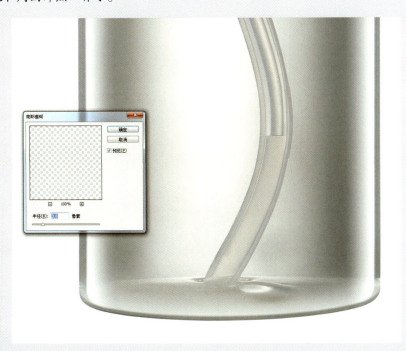

39 上一步画的是圆形底边靠近观者的外向轮廓,这一步画的是向画面里面伸进去的轮廓。方式是先用钢笔工具勾出一个扁圆,如下图所示。

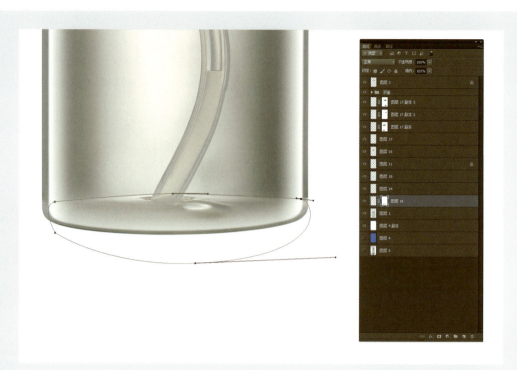

40 一旦勾好了形状，激活它，使它成为选区，新建图层，用画笔喷白边光带。最后，记得一定要进行高斯模糊处理。

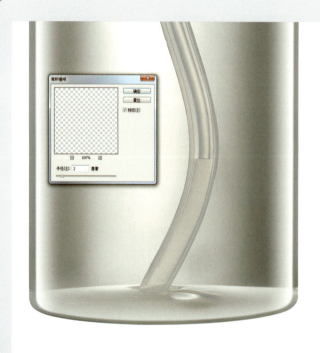

41 修吸管、内胆。

现在回到瓶身内部的吸管、内胆，先处理吸管的最上部分（瓶胆）。

它比较黯淡，我们要在它的边缘画高光，让它更加立体。

具体做法是：首先抠出这一部分，复制为单独的图层，锁定此图层，用仿制图章工具把边缘擦干净；然后新建空白图层，按Ctrl+Alt+G组合键将其载入刚才抠出的瓶胆图层，用白色画笔来刷边缘（这次用30%的不透明度），边缘出现一圈白色光条，此时瓶胆的轮廓即处理完成。

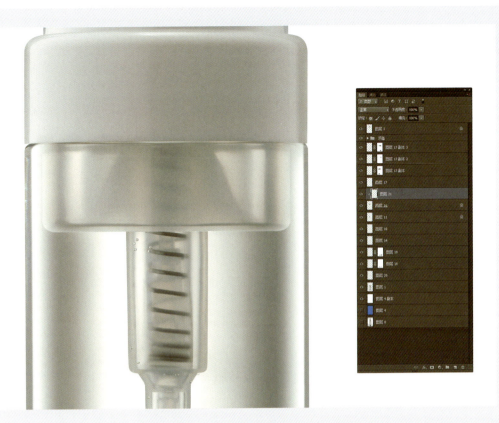

42 继续处理细节。要加强瓶胆左半部分的倒三角形区域的阴影/高光对比，以突出其结构。

如图所示，先用钢笔工具勾选出这一部分，转为选区，新建空白图层，用30%不透明度的白色画笔，刷一下三角形的右侧，再取消选区（效果在下一步可以看到）。

43 对该图层进行高斯模糊处理。这次将"半径"值设置得大一些，如设置为12像素。

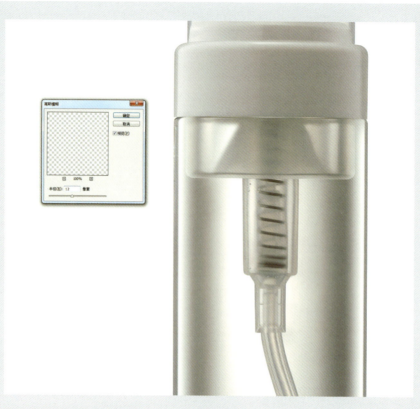

44 复制这个倒三角形,按 Ctrl+T 组合键,单击鼠标右键,在弹出的快捷菜单中选择相应命令进行水平翻转,将其拖到右边对称的地方。

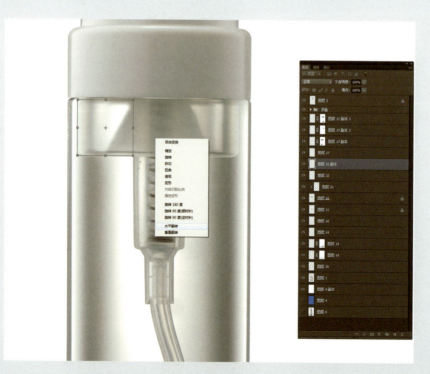

45 两边的三角形白光块解决了,但夹在中央的三角区太暗。仍然是抠取、创建选区、新建空白图层,把"混合模式"改为"柔光",用不透明度为30%的画笔涂刷此图层,中央三角区就变得明亮、干净了。

缩小一下画面并截一张图,操作时的页面如下图所示。

Part 1 **白色透明材质精修**

46 弹簧管。

回到弹簧管部分。仍然把它的结构视为左、中、右三部分，重点画左、右两侧的光带。

先用钢笔工具在弹簧管左侧勾一个选区，新建空白图层，拖出一个"白色到透明"的渐变，取消选区，进行高斯模糊处理（这次将"半径"设置为2.5像素）。如有必要，可以把白光带图层的"不透明度"改为70%，具体数值随自己的判断。

接下来把左侧的白光带复制到右侧。我想你已经知道怎么做了：复制；按Ctrl+T组合键调出自由变换控制框；进行水平翻转；移到右侧；设置图层的"不透明度"为70%。

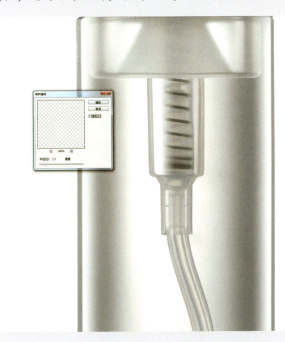

47 回到弹簧管下面的直管部分,用钢笔工具将其抠选出来,重复刚才的做法(新建图层;拖出"前景色到透明"的渐变;进行模糊处理;降低图层的不透明度)。

48 修过后的中心直管。

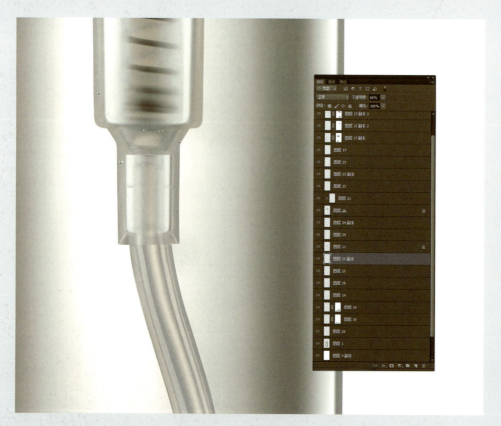

49 处理软吸管。

　　回到弯曲的软吸管部分。首先抠图,然后载入选区,这次不需要羽化。

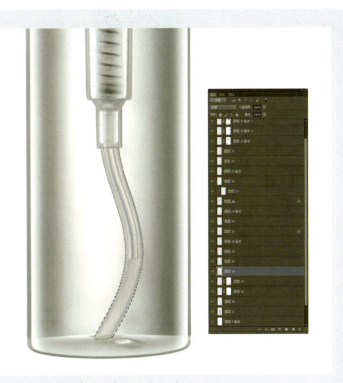

50 为软吸管做白色渐变效果。

　　对于这么细的吸管，当然不需要两侧都加上光带，只需要在向右凸出的侧边加上光带就可以了。
　　因此单击工具箱中的选框工具，使用此工具可以把抠出来的弯曲吸管向左移动几个像素，然后，新建空白图层，用不透明度为 30% 的画笔刷出弯曲的轮廓光带，取消选区，进行高斯模糊处理。记得上下两端要用蒙版擦除不必要的溢出，以达到自然拼合。

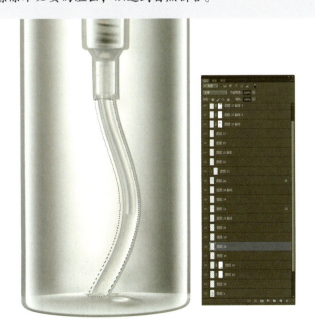

51 为瓶身所有图层建立一个组，命名为"瓶身"。

　　至此，我们已经对拍摄对象进行了第一轮完整的修饰，主要是强调了瓶子各部分的边缘轮廓，突出了瓶子的结构。

52 第二轮修饰，开始"面"和"局部细节"的塑造。

在新一轮的修图过程中，我们将塑造瓶子部分"面"的光感（立体效果）。

让我们从瓶颈部分开始。

方法是：在瓶颈右侧用钢笔工具勾出一个选区，然后载入选区，新建图层，向左平移，拖出"白色到透明"的渐变，再进行高斯模糊处理。其实这是在重复前面画光线的步骤。

同样，我们要复制新做出的光带，然后进行水平翻转，移动位置，降低不透明度。瓶颈表面的光带即完成了。

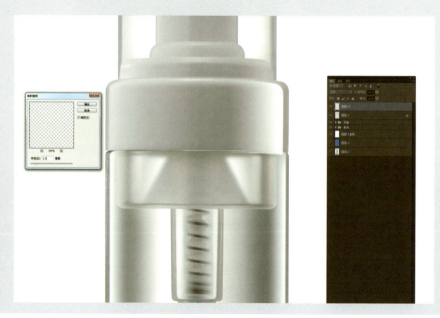

53 我们要为瓶颈部分添加灰黑轮廓。新建图层，按 Ctrl+Alt+G 组合键载入新图层，用吸管工具吸取附近的灰色，再用画笔工具在左、右、上轮廓画灰边。

54 用钢笔工具沿着灰白交界线勾出一个选区，新建图层，用白色画笔沿着正顶部横向拉动，塑造出顶光光带。对该图层进行高斯模糊处理，"半径"为 1.5 像素。

55 在"图层"面板里建立"瓶颈"组。

56 制作喷嘴的细节光感。

回到瓶盖图层,载入喷嘴选区(上一轮修图过程中勾出来的那么多工作路径,应该都还在"路径"面板里,等你随时调用呢),向左移动几个像素,拖出渐变,再进行模糊处理,并降低图层的不透明度(此处为90%),喷嘴右侧的光带即制作完成。

载入选区,新建图层,用白色画笔刷图层左侧的竖边,设置图层的"不透明度"为30%,设置高斯模糊的"半径"为2.5像素,喷嘴左侧的光带即制作完成。

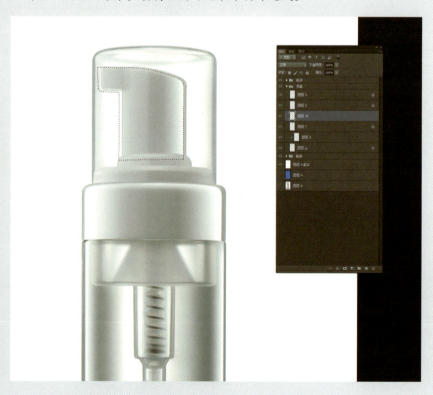

57 用同样的方法画出喷嘴下方两个横向弧形部分的高光（用钢笔工具勾出弧形形状，载入选区并新建图层，用画笔工具顺着弧形上边缘画白光）。

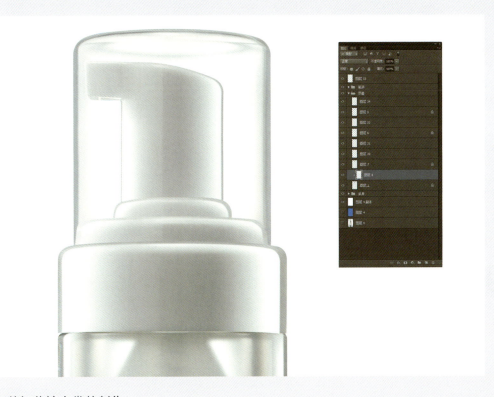

58 透明瓶盖细节性光带的制作。

下面要在透明瓶盖灰轮廓的内侧做出高光带。

用钢笔工具抠出下图所示的形状，填充白色，并进行高斯模糊处理，"半径"为3像素，再建立蒙版，将此高光带的顶端擦掉一些，使其看上去与其他图层衔接自然。

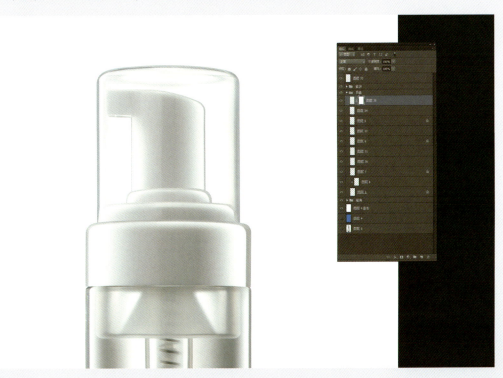

59 在刚做出的白高光带内侧边缘用钢笔工具勾出一个选区，建立新图层，吸取旁边喷嘴的灰色。

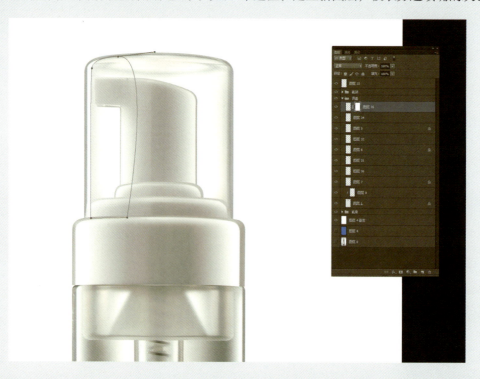

60 拖出渐变，取消选区，更改图层的"混合模式"为"正片叠底"，设置高斯模糊的"半径"为3。

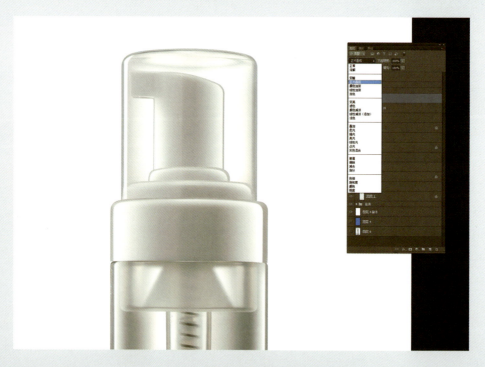

61 复制白光带、灰渐变两个图层到透明瓶盖的右侧，按下 Ctrl+T 组合键，单击鼠标右键，在弹出的快捷菜单中选择"水平翻转"命令，透明瓶盖右侧光带即制作完成。

　　我们一定要记得用蒙版把白光带和灰光带的下端擦除少许，使其与其他部分自然地衔接。一定不要忘记这些细节操作。

Part 1 **白色透明材质精修**

62 竖向的光带制作完成后,要为透明瓶盖的顶部转角添加一条横向的高光(用钢笔工具勾出选区,载入选区后,新建图层,填充白色,设置高斯模糊的"半径"为1像素,用蒙版将其擦得"柔和"一些)。这是一道很细很细的高光,但会让透明瓶盖显得很真实。

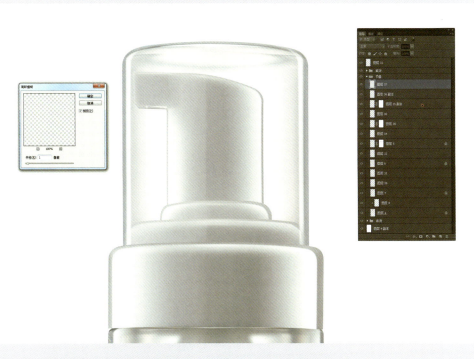

63 为了让盖子更真实,还要为它的圆顶内表面画一圈发暗的光带。

方法是:用钢笔工具勾出一个弧形选区,新建图层,用灰色画笔画出光带。

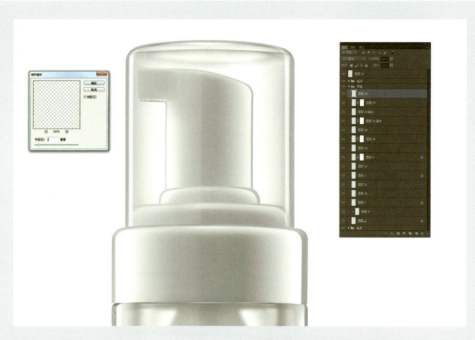

64 让灰暗区域更明亮、干净。

现在,观察整个瓶子,发现盖子部分还是有些灰暗、不干净。

我们用下面这个方法把盖子部分提亮:在"瓶颈"组的上方新建一个图层,将"混合模式"改为"柔光",用不透明度为 30% 的画笔涂刷瓶盖部分,使其更亮,看上去也更干净。

同样,在"瓶颈"组的上方也新建一个图层,将"混合模式"改为"柔光",用白色画笔涂刷,直到它看起来干净、明亮。

65 现在，瓶身看起来感觉过渡不自然，灰色光带有点儿突兀。我们在"瓶身"组里把灰色图层变形（快捷键：Ctrl+T），拉宽一些。

　　然后在"瓶身"组的上方新建一个图层，将图层的"混合模式"设置为"柔光"，用不透明度为30%的白色画笔涂刷提亮，以使瓶身更干净。

　　因为最终画面是白色透明瓶出现在白底上，所以瓶子各部分的对比度也不要太强，明暗之间的过渡不要太强烈，因此用白色画笔把瓶子修得柔和一些。

66 此时瓶子基本修改完成了，但色调有些偏（红），单击"图层"面板底部的"创建新填充或调整图层"按钮，降低瓶子颜色的饱和度。

67 文字和倒影。

现在打开在 AI 软件里设计的文字稿，把文字复制/粘贴到修好的瓶子上，把这个文字图层的"混合模式"改为"正片叠底"。如果用"正常"模式，文字会发灰。

68 为修好的瓶子和文字图层整体添加一个"色阶"调整图层，使对比度更强烈，让亮处更亮一些，暗部更暗一些。

69 最后，为瓶子做倒影效果。

这个倒影将出现在最下方和背景图层在一起的白底图层上。

当上一步的"色阶"调整图层处于操作状态时，按下 Ctrl+Alt+Shift+E 组合键，把所有的效果合并为一个图层，并在"图层"面板中把新得到的这个图层向下拉到白底图层上方，而处于所有瓶子图层的下方。

用矩形选框工具选出瓶子下面 1/3 部分，按 Ctrl+J 组合键复制为一个图层，再按 Ctrl+T 组合键调出自由变换控制框，单击鼠标右键，选择"垂直翻转"命令，得到倒影，并把它拖到与瓶子对接的位置。

为这个倒影图层添加蒙版，按下 G 键激活渐变工具，注意工具箱最下方的前景色/背景色是默认的黑白状态（而不是白黑状态），并注意渐变的属性栏里是"前景色到透明"的"线性渐变"，然后从下到上在蒙版上拉动渐变，则倒影就变为从上到下的渐隐效果。

倒影效果完成后，整个物品的画面变得非常真实。

70 成品图如下页图所示。

Part 2

根据材质特性进行修图

　　本章修图解决的重点是平面产品的表面问题,当它们本身不平整时,我们要把它们修得平整。

由于材质本身的特性，比如塑料包装袋产品，它们的表面无法像桌面一样平整，总是坑坑洼洼、凹凸不平的，以至于凸出来的部分形成白色高反光，完全看不到细节，凹进去的地方怎么打灯都觉得光线不够。

本章通过具体案例讲解如何通过修图来解决上述问题。

下面将修一张面膜产品的包装袋。面膜是很多商家出售的产品，因此我们的例子带有普遍性，所有面膜包装与本章所介绍的基本类似。

1 首先看原图。

原图问题很多，但归结起来要解决的是：①凹凸不平，脏点；②四边的统一对称；③顶部的出品编号（需要擦掉）。

2 包装袋一般都是不平整的,我们抠图时则要抠成直线边框,然后把产品画面的像素补齐到直线位置。

为了抠成直线,在单击钢笔工具后,要按住 Shift 键,再单击下一处确定下一个锚点,则所有的抠线都会横平竖直。

3 按下 Shift+F6 组合键,对抠出的产品四边进行羽化("羽化半径"为 0.5 像素),这样无论换什么样的背景,它都会自然地(而不是很生硬)出现在背景的前面。

4 打开"图层"面板,按 Ctrl+J 组合键,把抠出的面膜袋复制为单独的图层。

5 单击"图层"面板底部的"新建图层"按钮,新建一个图层,在"图层"面板中用鼠标把它拖到面膜袋图层的下面。单击"前景色"色块,在弹出的对话框中选择一种颜色,单击"确定"按钮。按下 Alt+Backspace 组合键,为刚才新建的图层填充一种颜色(这里用蓝色)。在有颜色的背景上工作,便于观察面膜袋。

做完上面的步骤后,拖出参考线,以确定产品各个部位的位置。

6 按 Ctrl+T 组合键，对产品进行变形（按住 Ctrl 键，同时用鼠标单击并拖动四角节点，使其与参考线对齐）。

你可能在截图上看不出和上一步的不同，但是这一步我们是按参考线的位置拉直了图像。

7 那么，怎么处理四周凹进去的白色呢？

首先隐藏参考线。复制（快捷键：Ctrl+J）一部分"边"为新的图层，再按 Ctrl+Alt+ G 组合键，把这个"边"图层载入到抠出来的完整面膜袋图层（图层1）。这样无论我们怎么修整"边"图层，它都会严格遵守图层1的边框范围。

8 操作"边"图层时，按下 Ctrl+T 组合键，往右拖动右边线的中心节点，即补齐了边框的白色凹边。

9 现在合并"边"图层（图层3）和面膜图层（图层1）。

对面膜袋左边的凹边，重复同样的步骤，这样就修掉了左边的凹陷。效果如下图所示。

10 面膜袋有两圈轮廓。一圈是我们刚刚修好的外边缘轮廓，还有一圈是里面鼓起来的边缘轮廓。

我们稍后还会再把内轮廓抠出来进行修整。

下面先把文字、脏点、不平的地方全部擦掉。

这里组合使用修复画笔工具和仿制图章工具。

这一步不难操作，因为是在大块的面积上操作，Photoshop 识别起来很轻松。

11 修干净的效果如下图所示。

此时可以发现:3条内轮廓线都还算清晰,只有顶部横线不够分明,下一步即来解决这个问题。

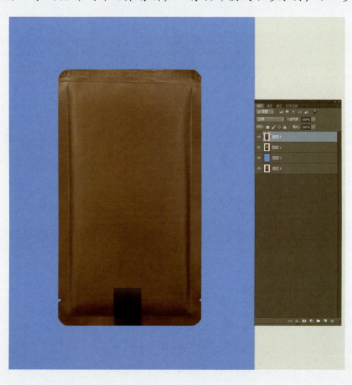

12 抠出底部比较工整的内轮廓横线，并复制，然后拖动它到顶部横线的位置，按 **Ctrl+T** 组合键进行变形，单击鼠标右键并选择"垂直翻转"命令。

13 垂直翻转后，使其和顶部的内轮廓横线对齐，我们要的就是这条层次分明的线。但是它的颜色太暗，毕竟光线不一样。

14 我们先不急着对上面的新横线图层进行变亮或变暗的加工,而是抠图——抠出面膜袋鼓起的内部四边形(我们暂时叫它"内胆"),并复制出内胆(请注意,抠图要在面膜袋的图层1上操作)。我们要借用这个内胆清晰的轮廓线,来界定上一步横线的位置。

15 现在,我们得到了一个内胆的轮廓线。此时内胆就没用了,把它拖到"图层"面板底部的"删除"按钮上将其删除。

我们现在可以把内胆顶部不规则、不平整的边修干净了(可以用仿制图章工具,也可以复制底部部分补到上面来)。

这里我们把下方图层的不透明度减少50%,让内胆浮出来,方便读者观察。

-047

16 顶部已经擦得平整的内胆如下图所示。

17 现在我们回到底下包括外轮廓的完整图层。我们把它的"不透明度"恢复到100%。因为还需要把面膜袋顶部（内、外轮廓线之间的）包边的生产日期压印花边修掉。

我们在右边缘处找一块比较平整的区域，用矩形选框工具创建选区。

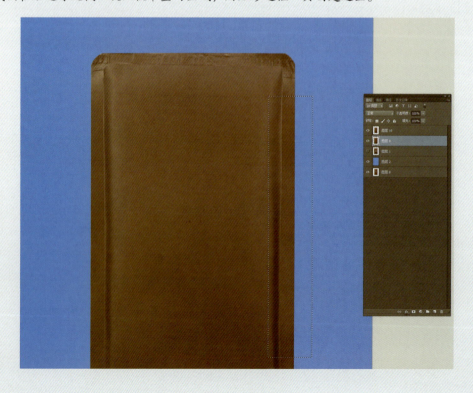

18 复制选区，并按 Ctrl+T 组合键变形，逆时针旋转 90°，移动到顶部，即得到一个修补图层。

19 在"图层"面板里，这个新的修补图层位于修好的内胆图层的下方（画面显示的是被内胆压在下方），并位于整体抠出的面膜袋的上方。

按下 Ctrl+Alt+G 组合键，载入选区（它将精准地遵守下方图层的外边缘），打开"曲线"对话框把它提亮。

提亮的时候，我们要目测使这个顶边修补图层与左右两个竖边的亮度接近。

20 现在两竖边与新的顶花边的交接处还不自然。我们在面膜袋图层的竖边上选出来一块，载入选区并新建为图层，然后移动一定的距离，给如图所标示的红圈部分填充同样的纹理。

21 内胆和外花边都修干净啦，但这只是完成了基本构造。

　　我们进一步要做的是：为面膜袋增加光线感和立体感。这是高级修图师基于经验之上的直觉反应。

22 在"图层"面板里所有图层的最上面新建一个空白图层，按 Ctrl+Alt+G 组合键，载入紧随其下的内胆图层（此空白图层的边缘将精确遵守内胆图层的边缘）。

　　我们用大号柔边白色画笔（把工具箱最下面的"前景色"设置为白色）为此空白图层画一条从左到右的横向光带，将图层的"不透明度"降到 70%，此时光照效果就出来了！

　　我们继续为这个光带图层添加蒙版，用画笔擦干净两端，使之融入整体画面。

23 同样新建空白图层，载入选区，为内胆的两侧竖边缘画高光（设置"不透明度"为 70%，通过蒙版擦除上下两端）。当然，这次用小号的柔边白色画笔。

24 对于高端修图，我们必须在细节上做到细致入微。为了让内胆的光感效果看上去更为逼真，下面为前一步做出的顶部白光再加一条细细的但是清晰的黑"缝"。

具体做法：新建图层，用钢笔工具在内胆顶边画一条窄窄的细长"叶子"，按 Ctrl+Enter 组合键建立选区，用吸管工具吸取它旁边的深色区，按 Alt+Backspace 组合键为"叶子"填充深色，在"图层"面板里将"混合模式"改为"正片叠底"，设置高斯模糊的"半径"值为 3 像素——内胆光带与面膜袋花边出现了明暗交接的"缝"。"缝"图层的不透明度可以目测去设置。

25 面膜袋的上部分光照效果就此完成。下面为内胆的下部（就像人的下巴）做阴影投影。

其做法与前面类似：新建图层，按Ctrl+Alt+G组合键载入到内胆图层，但是这次将"混合模式"设置为"正片叠底"。用吸管工具吸取面膜袋底边花边的颜色，用大号柔光画笔横向涂抹内胆的底部，于是内胆的下边缘出现了阴影投影。

26 这一步处理面膜袋底边的黑色方块。它同样需要白色的光线才能使过渡显得自然。

新建空白图层，在黑色方块上内胆与花边的交接处，用矩形选框工具绘制一个选框，然后按下G键转换到渐变工具，拖出一个白色到透明的渐变。

27 取消选区,设置图层的"混合模式"为"柔光"、高斯模糊的"半径"为2像素、"不透明度"为50%。小方块部分的光照效果即制作完成。

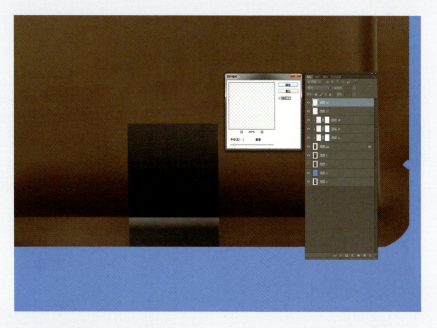

28 因为最终效果要做成黑色(这是客户要求的),因此把蓝色图层的颜色填充为黑色(将"前景色"设置为黑色,按下 Alt+Backspace 组合键填充)。

接着,我们为面膜袋的外轮廓做一圈细细的白色发光带,这样当它在黑色背景上再现时,就会显得更立体、更自然。

在"图层"面板里单击完整抠出的面膜袋图层(图层8),按 Ctrl+J 组合键复制它,按住 Ctrl 键并单击它,则这个复制图层就被激活(即载入选区)。在菜单栏中选择"选择"→"修改"→"收缩"命令,在弹出的对话框里将"收缩量"设置为4像素。

也就是说,我们把复制的面膜袋图层向内缩了4像素。那么接下来,按 Shift+F6 组合键把收缩的图层边缘羽化20像素——我们正在一步一步地为面膜袋周边添加一圈光晕,但是现在效果还没有显现出来。

29 现在,上一步收缩像素时的一圈蚂蚁线(选区)应该还在。按下 Delete 键,将选区内的图像删除,并取消选区,我们就得到了一个四边形的细线框架。

　　单击"图层"面板里的"锁定图层"图标(这样我们就只会填充细线边框)。把"前景色"设置为白色,按 Alt+Backspace 组合键填充细线边框,我们就得到了一个羽化的白色细线框,它很接近光晕效果,但是白色有点浓。

　　下面为这个细线边框图层新建一个蒙版,再用不透明度为 40% 的黑色画笔把过于刺眼的白边效果擦弱。

　　于是,面膜袋四边的自然光晕效果就完成了。

30 观看整个面膜袋,是不是有点儿灰(灰白)?

在"图层"面板里所有图层的上方添加一个"曲线"调整图层(单击"图层"面板底部的"创建新的填充或调整图层"按钮),把曲线框里的斜线从中间往下拉,将整个面膜袋图像压暗。看,面膜袋的巧克力感出来了。

至此,我们所有的图像处理工作已经结束。下面几步就是添加文字和做倒影。

31 我们从设计稿中将文字贴到图像上来。很显然,直接把文字贴进来,文字太亮,不够自然。

因此新建一个空白图层,并按下 Ctrl+Alt+G 组合键将其载入文字图层(空白图层上的像素操作将精确控制在文字边线以内)。

32 把"前景色"设置为不透明度为20%左右的纯灰色,然后在这个载入图层上用不透明度为40%的画笔上下扫一下文字,使白字变得柔和起来。

33 你应该发现底部黑块里的白色文字也很生硬吧?一般底部要添加的是环境光、环境色一类的光线过渡。

我们用和上一步相同的方法:新建空白图层,载入文字图层;这次把"前景色"设置为黑色,用不透明度为40%的画笔工具在空白载入图层上横向涂画,为黑块里的白色文字添加了一层自然的光线过渡。

34 此时我们的工作已经接近尾声,最后的工作是为产品做倒影。

在"图层"面板里,隐藏黑色背景图层,然后按下 Ctrl+Shift+Alt+E 组合键,把所有的效果合并创建为一个全新的图层,再显示黑色背景图层。

在新合并出来的图层上,用矩形选框工具在面膜袋的下方1/4处拉出一个选区。

35 复制这个选区为新的图层,将其拖到最早抠出的完整的面膜袋图层下方;按Ctrl+T组合键调出自由变换控制框,单击鼠标右键将其垂直翻转,即得到一个倒影图层。

36 倒影一定要有渐变才显得自然。因此我们为倒影图层添加蒙版，在工具栏中将"前景色"设置为黑色，按下 G 键，用"黑色到透明"的渐变从下往上拉，倒影就会从上到下渐隐。

为了使效果更自然，把倒影图层的"不透明度"调整为 70%。

37 此时全部工作已完成，我们得到了如下图所示的最终效果。

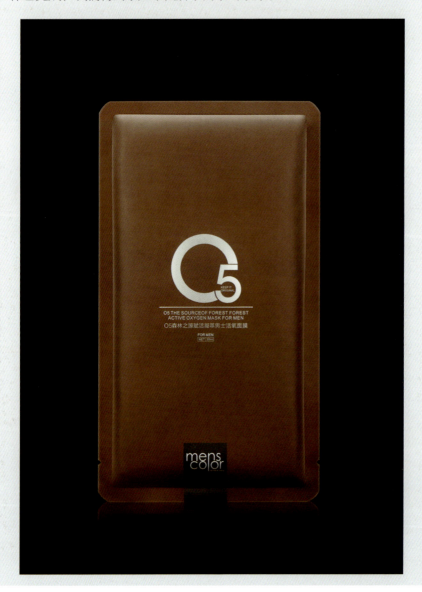

Part 3
亚光材质精修

在日常生活中，我们经常会碰到亚光材料的产品。

亚光材料虽然在摄影打光时不会出现让摄影师头疼的高反光问题，但是同时却也造成产品本身的光感不明显；而产品的光感不明显，其立体层次感就无法突出（即使产品的颜色组成对比很强烈，整个产品看起来还是没有立体感）。

本章就来讲解为材质光感不突出的产品塑造明显光感的技术。

一般情况下，我们会认为，高反光的产品比较难拍。事实上，表面不怎么反光的材质同样比较难拍。

本章的软管产品，它的表面是亚光的，不反光，所以在拍摄时软管管身的立体感很难拍出来，其效果总是太平淡。因此对这一类型的产品，可以通过修图，塑造出它的立体效果。

首先仍然从拍摄的原始图开始。

1 分析原始图片，我们要解决的大问题是加强管身的立体感，管身与背景的层次要拉开（特别是换了黑色背景之后），软管本身的形状要对称，盖子的细部要细致。

2 我们做的第一步工作是抠图。这只软管分盖子和管身两部分结构，因此我们也分开抠取这两个部分，抠出它们各自的路径。如下图所示，盖子可以严格按其边界来抠。

3 但进行管身抠图时范围则要取大一点，要"入侵"到盖子的势力范围，这样后面才能与盖子形成无缝衔接。

4. 抠取出的软管如下图所示。仔细看，你就会发现软管左右两侧弧度不对称。

5. 我们拖出参考线对两侧弧度进行校正。

在拖出参考线之前，先换一个黑色背景（在"背景"图层上新建空白图层，将工具箱中的"前景色"设置为黑色，按Alt+Backspace组合键将空白图层填充为黑色）（这是客户要求的）。

在盖子的两侧和软管顶部一端，拖出参考线。

6 按Ctrl+T组合键进行变形，然后按住Ctrl键拖动四角，先拉平高度，使软管的顶边能够保持水平。

7 为了使左右两侧是对称的，我们用矩形选框工具选出管身左侧一部分，复制为新图层，降低一下不透明度（方便观察）。按下Ctrl+T组合键进行变形，单击鼠标右键，在弹出的快捷菜单中选择"水平翻转"命令，并把此图层拖到右边管壁，使上端与底图层的上端对齐。

8 贴过来的图层会比底图层宽，因此按Ctrl+T组合键，拖动右下角节点拉宽底图层，使其与复制的图层同宽。

　　隐藏复制的图层，得到了左右对称的软管。

9 现在，我们就可以修去软管上的脏点啦。复制软管管身图层，综合使用修复画笔工具和仿制图章工具，把软管表面的脏点及文字全部擦掉。

　　这一步熟练的修图师可能会花10分钟（也许你可以更快）。它很考验修图师的耐心，要不停地变换画笔的硬度。对于本案例，我们大多时候用30的画笔硬度。

10 修好的效果如右图所示。它是一只单调的、平面的产品"底架"。

我们将用画笔给它添加光线效果,赋予其鲜活的生命力。但是绝不能忽略这一步——去除软管两侧的白边。

11 因此先快速地修掉管身右侧的白边,用套索工具选取右侧部分,复制为新图层。

12 按 Ctrl+Alt+G 组合键将新图层的活动范围载入（限制在）下面的管身图层。按 Ctrl+T 组合键进行变形，拖住边框中点往右拉，则可以去掉白边。操作完成后请合并图层。

　　我们对软管左侧进行同样的操作，去掉左边缘的白边，并用同样的方式把盖子的白边去掉。

13 现在可以画光照效果了。新建图层，载入软管图层的选区。

14 用不透明度为40%的黑色画笔在管身轮廓两侧画黑色光带，设置图层的"混合模式"为"正片叠底"，注意两侧都要画。

　　一般我们认为既然是光线，就一定是白色的，但其实由于拍摄对象所处环境的原因，拍摄对象身上可能倒映黑色或者其他彩色光线。我们在修图时就要留意这些细节。

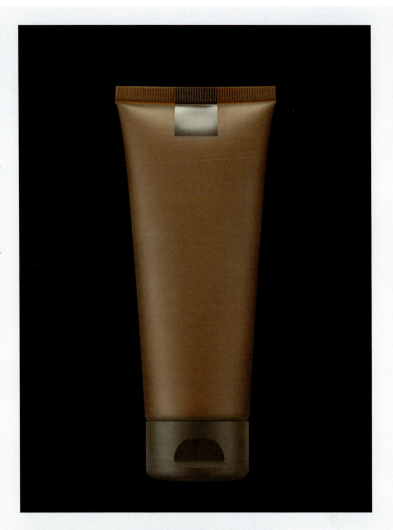

15 两侧轮廓的黑光带是比较狭窄、比较硬的，我们还需要在软管的右半部分更靠里的位置画一些更淡、更柔的黑光。如此一来，由于左边是受光面，所以右边更暗。

　　这一步的做法是新建图层，用不透明度为20%的黑色柔光画笔，沿着软管的走向，在右侧靠里约1/3的位置，涂画下来，从而增强光线立体感。

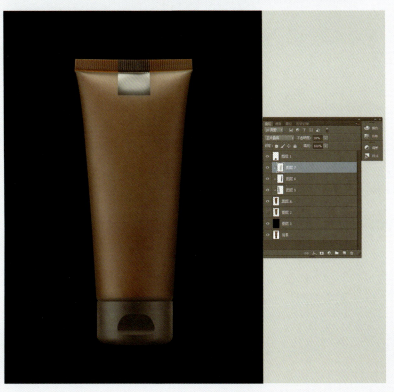

16 考虑到后面的步骤会为软管添加白色光带,因此这一步回到管身图层,利用"曲线"对话框把软管压暗,那么在后面添加的光带会更加明显。

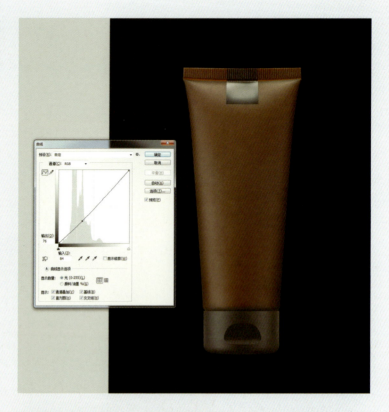

17 新建空白图层,用钢笔工具勾出一个如右图所示的选区,按下 Ctrl+Enter 组合键激活它。

18 确保工具箱中的"前景色"为白色,按下Alt+Backspace组合键为这个选区图层填充白色。然后选择"滤镜"→"高斯模糊"命令,打开"高斯模糊"对话框,这次"半径"值可以设置得大一些(设置为160.4像素),并将图层的"混合模式"改为"柔光",把"不透明度"降低到40%。

这样,左半部分比较宽的光带就完成了。

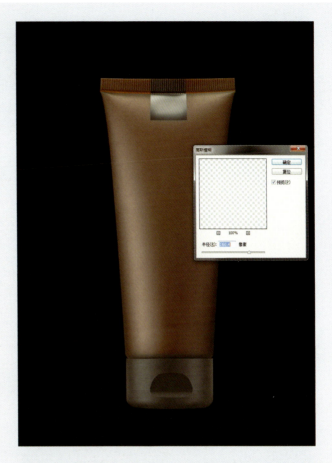

19 软管左侧靠里的位置仍然需要出现一条比较窄,但是更加硬的高光。因此我们新建一个空白图层,按住Ctrl键并在"图层"面板中用鼠标单击一下软管图层,于是新图层中就出现了激活的蚂蚁线(选区)。

按右方向键,向右移动选区,并用白色画笔在这个新图层的左边上下涂画。

20 取消选区,进行高斯模糊处理(将"半径"设置为38.7像素,数值没有特别规定,边看图边拉动滑块)。然后将图层的"混合模式"设置为"柔光"。

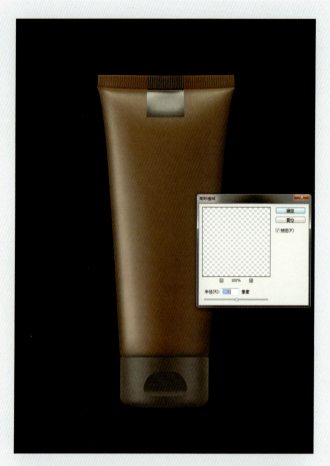

21 按照同样的方法,在右侧靠里的位置画一道淡淡的高光。

22 现在，我们快速处理一下软管最上端的黑块，因为黑块里的白色光线过渡有些生硬。

新建一个图层，用钢笔工具沿着黑块四周勾出选区，然后用吸管工具吸取黑块里的白色，从上到下拉一个渐变，取消选区并进行高斯模糊处理（"半径"值为1）。

23 软管管身的质感和光线已经制作完成。从 AI 设计稿里将文字粘贴过来。对于粘贴过来的文字图层，按下 Ctrl+T 组合键顺着管身的弧度方向轻微变形，让文字看起来更自然。

当然，此时的文字从光感上看还是太平淡，它需要一些光线变化。

24 新建一个空白图层,然后按 Ctrl+Alt+G 组合键,让新图层的活动范围精确发生于下方文字图层的范围之内,然后在此图层里用画笔从上到下沿着文字中间画下来。于是,文字出现了有光线变化的立体感。

操作完成后,请合并图层。

25 整个软管有点儿灰。回到管身图层,按 Ctrl+M 组合键,用"曲线"对话框把它压暗,让管身的材质如巧克力般润滑。

26 查看软管上两组文字之间的位置，光线效果太平淡。我们也为这部分画出过渡。新建图层，用钢笔工具抠出这部分。

27 用吸管工具吸取附近的颜色，把图层的"混合模式"改为"正片叠底"，用不透明度为 20% 的大画笔从上到下扫一下，取消选区，并进行高斯模糊处理，"半径"为 55 像素。

28 添加蒙版，把上面操作的效果擦淡（上一步扫的时候阴影太浓）。

　　这是一个细微的效果，可以和前面未做效果时进行对比。

29 因为软管产品出现在黑色背景中，所以我们给它多画一道细细的外轮廓线。

　　做法：新建一个空白图层，在"图层"面板里载入（激活）整个软管（管身和盖子）的选区。

30 按 Alt+Backspace 组合键为选区填充白色，然后在菜单栏中选择"选择"→"修改"→"收缩"命令，在弹出的对话框中设置"收缩量"为 5 像素。

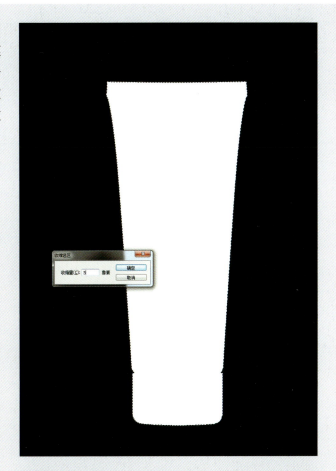

31 然后进行羽化，"羽化半径"为 15 像素，按 Enter 键确定，按 Delete 键删除中间部分，取消选区，这样整个软管四周就留下了一圈细细的白色光晕。我们把这个光晕图层的"不透明度"降为 15%，添加蒙版，把盖子底部的光晕擦除（因为我们后面做倒影时不希望衔接部位有白边）。

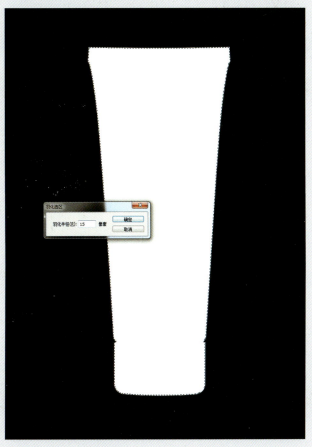

32 基本完工。单击"背景"图层前面的眼睛图标,隐藏"背景"图层,按下 Ctrl+Alt+Shift+E 组合键,合并所有效果为新图层,开始做倒影。

33 在新图层上用矩形选框工具选取盖子,并复制,按 Ctrl+T 组合键进行变形,上下翻转并拉到倒影位置。给这个倒影添加蒙版,拉出一个渐变,倒影就制作完成了。把倒影图层的"不透明度"降为 60%。

34 整个软管效果即制作完成。

Part 4

多种材质组合精修

  修图是一门专业的技术，如果一张图片中包含不同的材质、不同的画面内容，我们绝不能像某些外行摄影师那样，对图片进行粗糙的统一调整就了事。我们必须针对图片里的不同元素分块进行修图处理，以达到整体上的完美。

  本案例这张蜂蜜组合的原始图片中就包含了多种不同的元素、不同的材质。

不同材质在光影和颜色上会互相影响，因此各部分之间会或多或少地出现偏色，各部分之间还会映射周围其他部分的影子。修图时哪些内容需要保留，哪些内容需要去除，都是考虑的重点。如果只是照着原结构去画而不考虑原始光影，做出来的效果会比较怪异。

本案例图片的蜂蜜产品，包含淡颜色的膏状液体、玻璃瓶、有光泽和颜色的标签，以及金属质感的瓶盖。我们修饰的原则是：还原真实；该留的影子留下，该校正的颜色校正；过于反光并且带颜色的部分，则使用 AI 设计稿里的原材料（请注意，专业修图不同于淘宝美工，淘宝美工无须分析得这么细致，只要大体上做到画面干净不偏色即可上传到网页中）。

1 先看原图。

我们发现：右边盖子部分存在杂色（有些发黄）——盖子应该是银色的。瓶身部分光影太多，也就是说蓝色标签上的反光太多；瓶口的螺纹玻璃杂质太多，需要清除干净。木棒部分也需要增强立体感，其阴影无须太多颜色。

我们的整体思路是：盖子、瓶身、木棒三部分分别抠出，一部分一部分地做效果，从简单到复杂。

下面就让我们开始调整吧。

2 先抠取盖子。

3 再抠取木棒。木棒在瓶身的前面，所以我们先抠取木棒。

4 抠取瓶子。请注意盖子压在瓶子上的部分，也属于瓶子的范围。

5 把3个抠取的部分各自羽化0.5像素，并复制为单独的图层。

不用理会影子，后面会给产品重新添加一个更纯净的影子。

6 在"背景"图层上方，新建空白图层，填充白色。我们需要在一个干净的底上操作。

7 当我们有一个干净的新背景后，就可以把原图的影子"拉"上来了。因此我们在原图（"背景"图层）上再抠取影子。

抠取影子时，你可能觉得影子的外围边界不知道怎么判断。不用担心，拍摄时的白背景纸的边界线不用太精确，因为我们会对抠出来的影子进行羽化，而且"羽化半径"值较大。

8 根据影子边缘需要的硬度去羽化，"羽化半径"为 40 像素。

　　羽化了影子的选区，把它从原图"背景"图层上复制出去，并在"图层"面板里把它拖到白色背景图层之上。

9 用同样的操作，抠出木棒的阴影，并进行羽化（为了使图看起来更清楚，先隐藏其他图层）。同样拖动调整木棒阴影图层的位置。

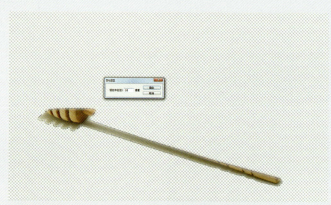

10 修去影子里的脏点。

　　告诉你一个小技巧：如果想修得快一些，对于一些长条状的脏点，可以用修复画笔工具，直接在其长条上覆盖涂抹。

11 修完影子的脏点后，如你所见，它们仍然偏色。

12 单击"图层"面板底部的"创建新的填充或调整图层"按钮,选择"色相/饱和度"选项,在"调整"面板里降低"饱和度"到0。

13 紧挨着玻璃瓶底的影子应该是有颜色存在的。因此在调整图层的自带蒙版上,用不透明度为70%的中性柔边画笔擦除,恢复瓶底倒影的颜色。

　　影子处理基本结束。

14 现在正式开始分块处理这张组合照。

　　先回到盖子图层。看原图,其质感没有问题,所以我们只需要修复脏点,把颜色调正确就可以。

　　我们知道,盖子上会反射环境光。但因为盖子本身是银色的,可以直接降低其颜色饱和度,从而消除环境偏色。

　　做法:在"图层"面板底部单击"创建新的填充或调整图层"按钮,选择"色相/饱和度"选项,把"饱和度"滑块向左拉到0。

15 盖子还是有点儿亮。新建曲线调整图层，向下拉曲线，调暗盖子，使盖子的金属质感更为突出。调暗盖子后，在"图层"面板里把调整图层和盖子图层合并。

16 接下来修木棒。木棒本身已经够突出了，我们要做的只是把木棒一头螺纹上的白色脏点修掉，然后，用曲线工具把木棒调暗，让木头质感更强。

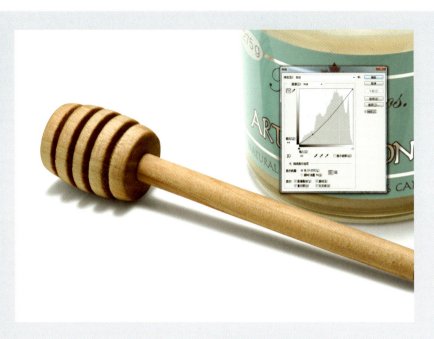

17 开始修瓶身。

　　修瓶身有两个难点：一是瓶口的螺纹，二是瓶身的蓝色标签。

　　我们先看螺纹部分。结构复杂，脏点多，因此我们先修脏点，再为它做四边的暗影，强调结构。

　　修脏点的操作技巧是：使用修复画笔工具，对于分散的脏点，单击取样后修复即可；对于线条状的脏点，则用修复画笔工具拉动覆盖涂抹。

　　这一步是细微的、耗时的，然而又是意义重大的操作。我们把修复前后的效果进行对比。

18 现在你有没有发现，玻璃瓶身的四边白光太多？（如果把背景换为灰底就会更明显地看到）我们要为瓶身四周填充一圈结实的轮廓。

　　复制瓶身，载入（激活）选区，在菜单栏中选择"选择"→"修改"→"收缩"命令，设置"收缩量"为5像素。

19 按下 Shift+F6 组合键，进行羽化，"羽化半径"为 20 像素。

20 按 Delete 键，删掉瓶子中间部分，只留外边一圈；取消选区，单击"图层"面板中的"锁定"图标（如图所示），用吸管吸取瓶子边缘靠里的颜色，按下 Alt+Backspace 组合键填充。

21 我们得到了一个结实的瓶子外围轮廓。

　　但瓶子底部也填充了不必要的轮廓颜色。因此我们为图层添加一个蒙版,擦除底部轮廓色。

　　操作完成后,记得合并这个轮廓图层和瓶身图层。

　　前面为玻璃瓶子添加的结实轮廓,看似效果不太明显,然而(修图的秘诀)正是由于一个细节一个细节的叠加,最终产生了脱胎换骨的画面。

　　下图为修改前后的效果对比。

22 修饰蓝色标签。

　　蓝色标签其实问题较多,它的表面粗糙,光影驳杂,而且偏色。所以干脆不要了,我们可以重新画。

　　首先,回到瓶身图层,重新用钢笔工具勾出标签,复制为新图层。

　　分析标签中的内容,影响文字画面的影子(红框标示的位置)要去掉,明暗关系正常的影子(黄框标示的位置)予以保留。

23 我们当然不是在 Photoshop 里重新填色画形状,而是从 AI 设计稿里把色块拉过来。在 AI 设计软件里,每一部分字体都是一个路径。当然,它们都是平面效果图。在 Photoshop 里要做相应的变形。

24 我们将这些字体、路径放入 Photoshop 里,根据照片上字体的相应位置粘贴进去。

25 粘贴文字时,AI 的中心文字对准照片的中心文字("N"字)。因为中心文字变形最小,所以可以以它为原点。

我们从左边的单词开始。按下 Ctrl+T 组合键对文字图层进行变形,调出变形框后则按住 Ctrl 键并拖动四角节点,对齐中心的字母"N"后,按 Enter 确认。

接下来,用矩形选框工具选择 N 以外的 6 个字母"ARTISA",然后按 Ctrl+T 组合键进行变形,同样是按住 Ctrl 键拖动四角节点,这次对准字母"A",确认后取消选区,再用矩形选框工具选取"N""A"以外的 5 个字母。

一次只做一个字母的变形。最边上的字母变形最严重,所以会进行多次变形。

虽然我们变形了那么多次,但一直是在同一字母图层里操作。

26 字母是烫银的，但设计稿里的字是灰色的，没有烫银效果（烫银只在印刷工艺里生产实现，在计算机里调不出此"色"）。

我们用魔术棒工具选出字母"A"，然后选择"选择"→"选取相似"命令，把字母复制出来（新图层），并按下 Ctrl+Alt+G 组合键把新图层的活动范围局限于下方图层的"A"字母里。

最后，用白色画笔在新图层的两端上下涂画（画出高光），就做出了在实际光线环境下的烫银效果。

27 以此类推，从 AI 设计稿里把其他部分的文字、图层、图标、LOGO 也导入进来进行变形，依照照片中相应元素所在位置。

　　贴上所有元素后的效果如右图所示。

28 回到蓝色标签图层，从 AI 设计稿里把蓝色色块图层也拖入 Photoshop，按下 Ctrl+Alt+G 组合键载入标签选区，色块就变成了标签的弧形。

29 在标签上画出明暗过渡效果。方法是：新建图层（注意必须载入），在中间部分用大号柔边画笔画浅灰色，两边画白/亮色，让左侧的亮边更强一些。把图层的"混合模式"改为"柔光"，以使亮光带更好地融入蓝色背景。

30 这一步,我们要做出瓶盖在蓝色块右上角投射的影子,这个影子是需要保留的。因此我们在原瓶身标签上抠出这个阴影部位,并进行羽化,"羽化半径"为 28 像素。

31 复制此阴影为新图层,在"图层"面板里把它拖到蓝色标签上方,按下 Ctrl+U 组合键,打开"色相/饱和度"对话框,调整阴影颜色(注意,调整"色相",让阴影偏蓝一些),于是瓶盖在标签上投下的阴影就完成了。

32 做到这一步,整体修图效果已经完成。再回头检查一下画面,发现琉璃瓶里的蜂蜜有点黑,并且有点发青,而好的蜂蜜会发黄、发亮。

33 单击"图层"面板底部的"创建新的填充或调整图层"按钮,新建"曲线"调整图层,把蜂蜜提亮一些。曲线调整图层自带的蒙版可以把提亮效果只施加于蜂蜜部分。

　　再用"色彩平衡"调整图层把蜂蜜的青色减弱。

　　至此,我们用 Photoshop 得到了质量很不错的蜂蜜产品图片。

34 回到瓶子在底面的影子图层,它也是偏青的。我们同样用"色彩平衡"调整图层把青色减弱,使之与蜂蜜颜色统一。

35 最终效果如下图所示。

Part 5
金属高光材质精修

啊,金属的高反光面!

最恐怖的敌人来了!

哈哈,不用担心。

我们从基本的结构入手,来修掉/填充这些黑色带、高光带,使反光面形成完美的质感。

这个案例最大的特点就是它的反光面。

它的材料组成也比较复杂：瓶内的膏体、瓶身的亚克力、瓶盖的高反光金属。

在前期拍摄时，为了保证修图的完美无瑕，因此把整图的 3 个主要部分分开进行了拍摄。我们得到了 3 张素材照片。每张照片都尽可能保证了各自光线最大程度上的完美——前期拍摄和后期修图统一在整体的思维里。

让我们从原始素材图片开始。

1. 分开拍摄的瓶身，得到的是干净的光线。

    瓶身和瓶盖组合拍摄，将为我们后面修饰出来的一只完美瓶盖确定位置，很多时候拍摄只是为了定位置，效果是后来根据拍摄位置粘贴上去的。

    再看瓶口搅起来的膏体，其材质则需要不同于其他二者的布光。因此液状膏体也是单独拍摄的。

2 我们先简单准备一下单独的瓶身照片。

　　我们将这张照片分为瓶身和瓶口两部分进行抠图、羽化（0.5像素），复制为它们各自的图层。注意，瓶身要"入侵"瓶口一部分空间，便于无缝隙接合。

　　好的，现在可以把它们放在一边备用了。

　　返回到带盖照片，它是定位照片，正式修图是从它开始的。

3 回到带盖照片，把盖子抠出。
　　盖子也要分两部分抠取，盖顶和侧面。

其中侧面要"入侵"顶盖一部分，我们务必保证两个图层之间不出现接缝。

4   为了方便观察，同时最终也需要白背景，我们在抠出来的各个部分图层的底部、原素材图层之上，新建立一个图层，填充白色。

5   现在需要修掉盖顶的脏点。无须赘述，请看修掉脏点前后的效果对比。在书上你可能看不清楚，但实际上它让画面变得很干净。

6 盖顶的远处边缘太亮，我们得稍微压暗它。

新建空白图层，按Ctrl+Alt+G组合键，把这个新图层里的像素活动范围限制在盖顶图层里；接着，把图层"混合模式"改为"正片叠底"，用吸管工具吸取附近的黄色，用不透明度为30%的黄色画笔在空白图层上描画，从而加强盖顶远处边缘的色彩和饱和度。操作完成后记得合并图层。

由于印刷损失问题，你可能在书上看得不太清楚。但在计算机上会看到明显的区别。这里把前后效果一并列出来，请你仔细观察。

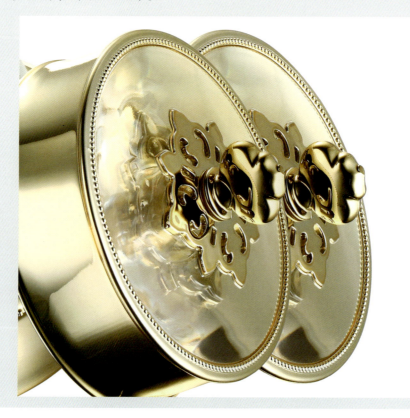

7 修饰瓶盖的侧面。我们只用修复画笔工具修除脏点即可。你不要以为这一步简单，但它的确让前后效果迥然不同。

8 修完脏点后，发现盖侧的下部太黑。我们需要在盖侧的上半部分复制一块，贴在下部。具体的操作为：用套索工具选取盖侧上部分，按 Ctrl+J 组合键复制，按 V 键切换至移动工具，将新图层移到下方位置。

9 很显然，新移下来的这一块与要修补的区域外形不一致。那么按下 Ctrl+T 组合键调出自由变换控制框，单击鼠标右键，在弹出的快捷菜单中选择"垂直翻转"命令，按待修补的盖侧区域的边缘形状进行逆时针旋转，使两者重合，并确认。

10 现在，我们对新补的这块图层添加蒙版，用画笔工具擦去首尾两端，使二者完美接合。

11 我们发现盖侧的高光太亮，需要减弱其亮度。

新建图层，然后按下 Ctrl+Alt+G 组合键将其活动范围载入下面的盖子图层。用吸管工具吸取黄色，然后用不透明度为 50% 的画笔在高光区域涂画——注意沿着光的走向（左下→右上）。这次将图层的"混合模式"改为"正常"，而不是"正片叠底"。

12 有没有发现修补之后，离我们最近的盖侧棱角上的黑边被盖住了？让我们回到盖子的原始图层，用钢笔工具把黑色边抠出来，复制为单独的图层，再在"图层"面板里把它拖到上一步在高光区域画出来的淡黄色图层的上方，黑边棱角问题即解决了。

13 为瓶盖盖侧的边缘加深金色。由于我们是在比较亮的银底上拍摄的，产品周边会出现一圈白色高光，使产品隐没在背景里。但是，在修图工作中，我们会替换不同的背景。因此，我们得把抠取出来的产品周围的四边颜色加深，这样它们就能独立于背景，更加突出，更加清晰。

因此，这一步，我们要为盖侧的边缘加一个金色轮廓（即加深效果）。

单击盖侧图层并复制（也就是把以上步骤修好的盖侧图层再复制一层），按住Ctrl键并在"图层"面板里单击复制的盖侧图层，这样就激活了新的盖侧图层。

在菜单栏里选择"选择"→"修改"→"收缩"命令，收缩4像素。虽然你看不到，但事实上我们已经得到了一个收缩的盖侧图层。

14 按Shift+F6组合键，对收缩的盖侧图层进行羽化，"羽化半径"为20像素。

15 按下 Delete 键，删除羽化圈之内所有盖侧图层里的像素，只留下四边淡淡的一圈羽化像素。按 Ctrl+D 组合键取消选区。单击"图层"面板里的"锁定"按钮，把这一圈淡淡的羽化像素锁定。

　　用吸管工具吸取附近的深黄色，按 Alt+Backspace 组合键填充这层羽化圈。于是我们就把盖侧边缘的色彩和饱和度填充进来了。

　　当然，在书上可能看不清楚这一层细微的效果。但如果你亲自动手实践，就会看到这一步的明显效果。

　　至此，盖子的修饰就完成了。它的颜色也许还有待调整，可以等我们把瓶身修好之后，再统一调整。

16 现在开始修瓶身。

　　第一步仍然是修瓶身的脏点，这里就不再截图展示了。

17 你应该早就注意到瓶身上的黑块了。没错，我们得把它处理掉。但是，简单地使用仿制图章工具或者修复画笔工具，显然不可能完成任务，因为它的两边都是光线过渡的敏感区域。光线过渡区域不小心就会修得斑斑驳驳。

　　这是一项大工程。

18 先勾出螺旋纹的轮廓，并进行羽化，"羽化半径"为 0.5 像素。

　　因为我们要处理黑块，不能影响螺纹，因此要先抠出螺纹。

19 现在开始修瓶肩。

新建空白图层，载入瓶身选区。在新图层上，先用吸管工具吸取附近的色彩，然后用不透明度为 30% 的画笔来回画瓶肩。注意画笔的硬度为 0。

因为黑块面积大，我们只能先修大效果。当然，大效果会很平淡。

注意画完以后，光线的过渡要自然，所以画笔要进行多次取样。

20 瓶肩的右端不用修，因为会被盖子盖住。

此时，由于效果太平淡，要继续给它添加明暗关系。

新建空白图层，用不透明度为 10% 的画笔把中心部分压暗（用笔直接在中间区域取样）。

合并瓶身图层，瓶肩即修饰完成。

21 现在加强瓶身侧面透明亚克力的结构（圆弧三角块）。

抠出亚克力（这次不用羽化），并载入选区。

22 新建空白图层，用不透明度为 30% 的白色小画笔画亚克力的轮廓。取消选区，并进行高斯模糊处理，"半径"为 3 像素。

23 亚克力中心的彩色太浓。新建一个空白图层，用不透明度为 10% 的白色画笔把亚克力中心擦淡一些，然后合并图层。

24 亚克力的边缘轮廓也需要金色的光晕。

新建空白图层，用吸管工具在瓶肩取样金色，用不透明度为 30% 的画笔在外轮廓画一道淡淡的金色光晕。

25 对比一下修饰亚克力的前后效果。

26 下面开始修饰瓶口，我们将在瓶口加载湿润的膏体。

先抠出瓶口轮廓，并进行复制（以方便我们在其上加膏体）。

27 打开膏体素材，按 Ctrl+Alt+G 组合键载入瓶口选区。

28 按 Ctrl+T 组合键将膏体稍微变形,使膏体的中心点与瓶口的中心点重合。

29 修掉膏体上的脏点,修饰前后的效果对比如右图所示。

30 我们给整个瓶身加盖子的组合调色,使用调整图层,调出金黄色。

如下图所示,单击瓶盖图层前的眼睛图标,让它显示,然后新建一个"色相/饱和度"调整图层,并按 Ctrl+Alt+G 组合键载入盖子图层(这样就只调盖子的饱和度),提高饱和度,调整完成后合并图层。

31 再调整盖子侧面的饱和度,也用"色相/饱和度"调整图层,但总感觉整体比例中金色还不够。

我们用下面的方法解决:在"色相/饱和度"调整图层上再新建一个空白图层,但把此空白图层的"混合模式"改为"颜色",用吸管工具吸取盖侧的金色,按住Ctrl键并单击"图层"面板里的盖侧图层图标(这样新建空白图层的操作范围就限制在盖侧图层的蚂蚁线即选区之内了),用不透明度为60%的画笔涂抹,盖侧的金色就加强了。

完成后合并盖侧图层。

32 开始调整瓶身上的金色,仍然使用"色相/饱和度"调整图层。调整完成后的色彩关系影响了明度,瓶身的高光有点儿过曝,因此在调整图层的蒙版上擦去部分效果。

33 瓶肩有点儿发青。

新建空白图层,设置图层的"混合模式"为"颜色",取样金色,加深瓶身的金色。

34 至此,整体效果已经基本上修完了。

检查后,发现膏体不够亮,用"曲线"调整图层把膏体提亮。

记得一定要在"曲线"调整图层中载入膏体选区,限制其作用范围。

35 膏体和瓶盖接洽的地方用画笔工具涂暗一些。

36 至此,整体已全部修完了,但似乎少了点什么。

37 需要做一个倒影。

　　回到瓶身瓶盖组合在一起的那个图层——它是有倒影的。

　　抠出倒影,复制为新图层。

　　给新图层添加蒙版,用"黑色到透明"渐变工具从下往上拉,为倒影添加渐变效果,并把此图层的"不透明度"改为60%。

38 最终效果如下图所示。

Part 6
磨砂与高反光材质精修

本章我们面临一个最常见的题材：磨砂 + 高反光。

如果你认真地阅读了（最好是照着练习了）前面的几章，那么现在你应该已经心中有底了，可以自己先修一次，再对照我们讲解的做法，互相比较，以提高自己。

与高光金属表面的"反光"不同，磨砂瓶的表面是"吸光"，也就是说基本上不反光。

太过反光，是不正常的，这为前期拍摄和后期修图带来了难度；太不反光，也是不正常的。前期拍摄似乎无论如何都不能赋予瓶身足够的光线。

本章的案例，除了瓶身的磨砂部分需要加强外，还有瓶嘴的乳白色，因为其结构太过平淡，以及瓶颈的高反光，都需要处理。

1 首先来看原图。

在白色的背景前，磨砂的玻璃瓶显得很灰。然而在拍摄时，我们很难通过布光给它打出光泽来。因为如果要给这么小的瓶子打出光泽，要求摄影灯是小型的，但瓦数要很高，而且光线必须是汇聚的，但这样一来瓶子的其他反光和塑料部分又难以表现出来。

我们的主要任务之一，就是处理瓶身的灰色。

再细看你会发现瓶颈之处的金属盖子没有拧紧。其实是因为瓶子的做工不严密，所以拧不紧，只能留待修图处理。

2 我们分结构进行抠图。如下页图所示，在结构上，我们把瓶子分为5个部分，分别抠取。

请注意细节。标示"5"的部分我们会去除不要；瓶颈的反光部分与瓶身的衔接处，是圆形的，而不是直线，否则衔接起来就会让人觉得很假。

你会发现我们抠出某部分时，会有意地多抠了一些区域（比如"3"区），这是为了拼接后其紧邻部分（"2"区）移动时能与之形成无缝衔接。

3 下图看到的是我们已经退底并在原图（"背景"图层）上添加了一个白色图层的状态。

然后拉出参考线，接着按 **Ctrl+T** 组合键进行变形，拉正瓶身。

4 校正之后，你会发现左右（尤其是左右底角）还是不对称的，一边高一边低。

用选框工具选取左边部分（可以超过一大半），复制到右边。

不用担心文字。我们会将文字全部修掉，另外添加 AI 设计稿里的文字（你应该明白为什么修过的图片文字会那么逼真了吧。）

现在，合并这个复制的图层和瓶身图层——重要补充：请把瓶身图层再复制一个——我们就得到了一个对称的轮廓层。

然后，在"图层"面板里，把原瓶身图层和轮廓图层上下位置互换，于是瓶身图层又会盖住轮廓层（当然，不会完全盖住）。

接下来，在瓶身图层上按 Ctrl+Alt+G 组合键，使它的像素活动限制在轮廓图层之内。

如此一来，我们保证了原瓶身图层的一切都不会改变，又得到了一个对称的轮廓。

下面截图显示的是复制左侧并粘贴到右侧的过程。

5 承接上一步，处理底部的透明部分，使之左右对称。

做法是：用选框工具选取底部，复制为新图层，按 Ctrl+T 组合键进行变形。

请别忘记，变形始终会在轮廓图层限定的对称范围之内进行。

6. 用同样的方法处理瓶颈的反光部分，对正瓶子，使其左右均衡。

7. 现在，我们开始修脏点和文字（后面会将文字修掉，并用设计稿文字代替）。

   对于参差不齐的黑白光带分界线，我们下一步用专门的办法来对付。

8. 根据形状用钢笔工具把中间的黑带抠出来，按 Ctrl+Enter 组合键激活选区，然后新建一个图层。保证工具箱里的"前景色"为黑色，按 Alt+Backspace 组合键进行填充，再把此图层用变形工具拉宽，就完美地覆盖了参差的区域，最后对此黑带图层进行高斯模糊处理，"半径"为1像素。

9 现在，我们给反光瓶颈的两边添加深色的轮廓，先处理大的那块。

①激活该图层（按住 Ctrl 键单击"图层"面板里的该图层图标），用方向键将其右移（可能要先按 M 键以使操作处于选框工具状态下）。

如右图所示，右移十多个像素后，接下 Ctrl+Shift+I 组合键反选选区。于是我们得到了所需的选区。

新建空白图层，然后按下 Ctrl+Alt+G 组合键，则新图层的所有操作，其像素都会限制在蚂蚁线之外、原瓶颈轮廓之内这一薄薄的、弯曲的区域。现在可以取消选区（即取消显示蚂蚁线，按 Ctrl+D 组合键）。

②好吧，可以用黑色画笔涂抹瓶颈的左边缘——边缘光带出来了！

请记住完成后要进行高斯模糊处理。

③复制上面做出的暗轮廓图层，按 Ctrl+T 组合键，变形框出来后，单击鼠标右键，在弹出的快捷菜单中选择"水平翻转"命令，拖到右边缘，于是右边的轮廓带也出来了。

现在的轮廓带太黑，所以用吸管工具在瓶颈的深灰处单击吸取颜色，然后填充刚才的两个轮廓带图层。

④两个灰色的竖直外轮廓之间最好有一个深灰色的"桥梁"轮廓把它们连接起来。

同样用钢笔工具抠出一个"桥梁",激活选区后新建图层,并填充深灰色。具体操作参照之前的步骤。

10 用同样的方式,给小块的那部分反光瓶颈也添加深灰色的轮廓。

11 现在,我们开始处理顶端的乳白色喷嘴部分。

但是,要加强这部分轮廓,就不能加深灰色,而应该是白色——因为材质不一样,所以要在灰中加白。

加白的操作与前一步加深灰轮廓一样(激活图层,平移位置;填充白色;降低图层不透明度)。

12 我们现在处理喷口。

①抠出喷口,将其修干净。新建空白图层,按 Ctrl+Alt+G 组合键,用不同不透明度的灰色画笔擦左右边缘(将左侧擦暗,将右侧擦亮)。

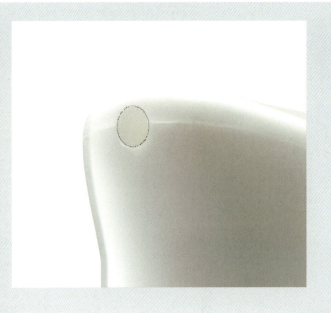

②切记,在喷口的下方再画一道白色高光(反选选区后用白色画笔画。)

13 把整个喷嘴和反光瓶颈用曲线提亮。

修到了这一步,再返回给瓶身添加轮廓和光感。

14 就像前面一样，载入瓶身选区，将选区往里平移，新建空白图层，画白色光带（它完美地出现在瓶身左侧靠里的地方）。最后，进行高斯模糊处理，"半径"为3像素。

15 将高光带图层多复制一层，并向右移，进行水平翻转后，右侧也有了高光带。

16 现在，瓶身的中间（靠左）也需要光带，这样它的层次和立体感才更明显。

　　做法：用选框工具在中间拉一个长方形的选区，画白色光带，并进行高斯模糊处理，"半径"为126像素。

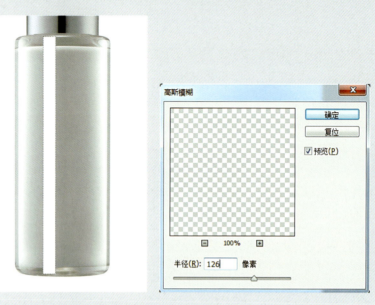

17 用不透明度为30%的仿制图章工具，把瓶底修干净、修均匀。

18 将从AI设计稿里拖过来的文字贴到瓶身上。

　　按Ctrl+T组合键对文字进行变形，此时，整个效果图基本修完。

19 添加倒影后的成品图如下图所示。

Part 7
产品组合海报制作

本章将演示将单品修饰完成后,把它们组合成广告海报的惯常做法。

本案例做一个比较简单的（单个的瓶身已经修好），但在天猫店最常用的版头海报。

这种合成图最经常出现的地方是天猫店的首页，以一个横向长条的形式出现。

1   打开已经修好的产品图片。

2   根据天猫店首页版头海报的尺寸，新建一个空白背景，把产品图片拖入，按实物比例调整它们的大小。

3   如果只是把它们拼在一起，那么效果会很不真实。

两瓶在前，一瓶在后，因此我们得给中间靠后的瓶子添加阴影，营造出前面两个瓶子挡住了它，并留下阴影的"真实"感觉。

4 具体操作步骤如下：

在这个瓶子所在图层的上方新建一个空白图层，用吸管工具单击取样其肩部颜色，把图层的"混合模式"改为"正片叠底"，用不透明度为50%的软画笔在它的两侧从上到下涂抹，即得到了阴影。

如果你觉得阴影太重，可以调整图层的不透明度。

用同样的方法，可以做出（瓶子投在）盒子上的阴影。

5 请你注意细节。让我们看一看 3 个瓶子的倒影。因为中间的瓶子位置靠后,所以它的倒影也应该被前方两个瓶子的倒影遮住。因此我们给中间的瓶子添加一个蒙版,然后用画笔把它与前面两个瓶子的倒影的重叠部分擦掉。

6 现在,给这组瓶子/盒子加一个背景。

　　从设计上来说,背景配色最好与主产品使用同一色系,也就是颜色接近,如此则整体上给人的视觉效果很均衡(注意不要用对比色。比如,瓶子和盒子的主色调是蓝色,而你加了一个黄色背景,那么整个画面就会显得非常突兀、俗气)。

　　现在主体产品是蓝色的,因此背景可以用深蓝或浅蓝色。

　　在图中红圈标示的地方,用吸管工具选取色样,设置工具箱里的前景色和背景色。

7 在最底下的白色背景图层之上,新建一个空白图层,按 G 键切换到渐变工具,然后选择径向渐变(从圆心向外发射的渐变),拉出一个渐变。

8 背景的渐变只是一个单调的渐变，我们得把它做成一个极具光感的桌面（所有的产品是放在桌面上展示的）。

按下 X 键将工具箱里的"前景色"变为深蓝色。

新建一个空白图层，拉一个"前景色到透明"的渐变，将图层的"混合模式"设置为"正片叠底"。在确定桌面的地平线具体要从哪个高度开始拉下时，应该估计瓶子与盒子的延伸线，它们的延伸线交接处就是桌面地平线。

9 对光桌（桌面）图层进行高斯模糊处理，"半径"为 15 像素。

这样桌面就会变得更加真实。

10 现在的背景太亮,光线有点儿太平淡,所以要把背景的顶部压暗一些。

具体做法是:新建一个空白图层,用吸管工具吸取右上角的深色,拉一个短短的渐变即可(这次无须修改图层的"混合模式"为"正片叠底"了,但可以调整不透明度)。

11 现在做一个DNA螺旋结构(可以找一个原始素材,以其位置作为参考,自己添加圆点和白线上去),可以把它的两端做模糊处理,就像我们这里做的这样。

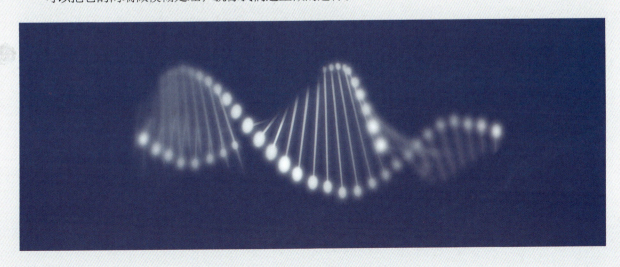

12 把 DNA 素材拖到盖子和盒子后方,调整到合适的位置并变形(按 Ctrl+T 组合键)。

注意要让 DNA 螺旋的走向与"瓶子—盒子"组合的方向一致。

13 为 DNA 螺旋图层添加一个蒙版,用画笔工具将其超出盒子倒影的螺旋擦去,也不要完全擦掉,看起来自然就行。

现在,只需要加上广告语就大功告成了!

Part 8
彩色背景喷雾效果

喷雾效果是前期拍摄时最常用到的素材效果。

本章介绍的技术重点是如何把喷雾效果的纯黑背景替换为彩色背景,并且替换效果要天衣无缝。

虽然并不是多么高深,但是掌握了这个效果的制作,你的作品库里又会多出来一道彩虹。

喷雾效果是很多广告图片经常使用的方式。

本章将演示如何把拍摄的黑底的喷雾素材，天衣无缝地移植到彩色背景里去。

本章所演示的是金黄色背景，学习之后可以举一反三，把喷雾与任何颜色的背景相结合。

事实上，看过本书其他章节的修图技术，本章的合成简单到让你偷笑（但是即使再简单，专业修图师的技法也不会轻易向大众透露。既然你花钱买了这本书，我们就把技术秘密透露给你吧！）。

笼统地说，制作彩色背景里的喷雾效果需要两个步骤：一是改变喷雾图层和背景图层的混合模式，让喷雾显现出来；二是想办法让喷雾的效果更加强烈。

请跟随我们的做法：

1. 打开一张修好的开盖瓶子图片（至于瓶子怎么修，我们在其他章节已经说得非常详细了，不再赘述）。

2. 再打开这张黑色背景前拍摄的喷水雾素材。

为什么要在黑色背景前喷雾，而不在彩色背景前一次拍成呢？因为，黑色背景前的白色水雾最明显。

这张素材在拍摄时，顶部的硬质光线作为主光往下打，左侧方靠后位置也加了柔光。

3 把两张图片拖进同一白底画面，对好它们的位置。

4 现在，给黄瓶做金黄色背景（为什么要用同色系的金黄色背景，而不用对比明显的冷调蓝色背景呢？因为对比色的背景会令整个画面很刺眼、很庸俗。又比如红绿搭配，同样显得比较土——除非在它们的饱和度、明度，以及外观造型上再做变化）。

选取背景的"黄点"：用吸管工具在瓶子中央黑带附近的金黄部位单击一下，工具栏里的"前景色"就变成该色彩，然后双击"前景色"，在弹出的对话框里对色彩进行微调（拖动色彩区域里的圆圈）。

5 回到本章的主题。在喷雾图层上,裁掉水雾之外的手指和瓶盖部分(按下 M 键,用矩形选取框拖动选中手指部分,然后按 Delete 键;按 Ctrl+D 组合键取消选区)。

6 在这里,把喷雾图层的"混合模式"改为"滤色"(滤色的原理是只显示两个图层里高于 50% 灰度的亮像素,而滤掉低于 50% 灰度的暗像素。于是,我们看到的就只是发亮的图像外观)。

  我的天啊!水花喷雾消失了!或者说太苍白!这不是我们想要的效果。

  不用担心,我们有办法调出来!

7 对水雾图层进行"色阶"调整,拉动黑、白滑块。

可以看到,水雾和背景拉开了层次,虽然效果还不理想。

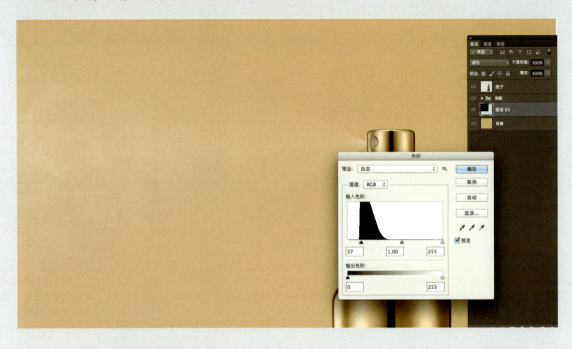

8 在更进一步加强喷雾显示效果之前,我们先把这个图层的边缘修得规则一些。

做法:给水雾图层加一个(白)蒙版,然后用(黑)画笔擦拭边缘;画笔要大、要柔(即硬度为0)。

(在截图里看到的水雾图层的编号是"图层83",请不要在意它,就当它是"图层1""图层2"好了。我们的案例是实操过程中选取的,前期修瓶身时已经添加了六七十个图层了。)

9 虽然在前面用色阶工具把水雾拉开了层次，但水雾还是不够明显。

10 多次按下 Ctrl+J 组合键把喷雾图层复制好几层。看，效果出来了！

11 不过,多张喷雾一同显现,画面里它们的边缘又凸显出来了。

　　这个好解决。

　　我们将其全部选中,然后按下 Ctrl+Z 组合键将其合并到一个"组"里,然后给这个组添加蒙版,用画笔涂抹,擦除不那么好看的边缘。

12 在"图层"面板里,把喷雾的"组"拖动放在金色瓶子图层的上方,喷雾顶点对准瓶子的喷雾嘴。

13 用画笔把水雾图层组上的脏点擦除干净。

　　还有一个细节可做可不做,但为了效果明显,还是做吧。

　　新建一个空白图层,用钢笔工具在水雾图层组的边缘勾出一个细小的区域,激活它并填充白色。

14 对喷雾上下的两条细线进行高斯模糊处理,让它变成有光线感的边缘,与喷雾完美融合。

Part 9

照明灯具精修

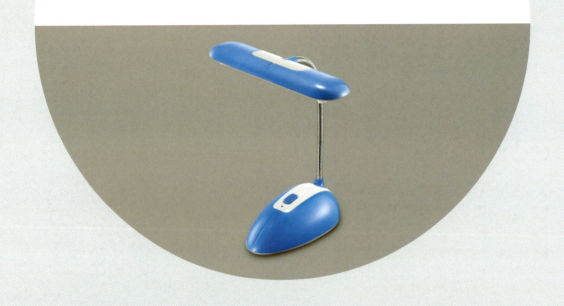

家电类产品的修图是我们最常碰到的任务。

可以拉一拉对比度、去除一下瑕疵,简单处理。当然也可以像本章一样,对图片素材进行实焦合成,去除大片光斑、轮廓杂色,以及分结构精修。

护眼宝台灯是生活消费品,这类产品如果是大批量拍摄和修图,可以在Photoshop里用曲线调一调对比度就可以直接用了。

但是,如果要精修,那么在前期拍摄时就要像拍贵重物品那样,认真地控光、前/中/后三个不同焦点拍摄数张、后期多焦合成、分结构一部分一部分地修图。

1　在拍摄护眼宝台灯时,分别拍摄三张不同焦点的素材。

第一张的焦点在顶部最前端;第二张焦点在底座和灯柱下端;第三张焦点在灯罩的后部。

焦点不同,每张照片的大小会出现轻微的膨胀或缩小(专业术语叫镜头的"呼吸效应"),但Photoshop可以很聪明地把它们变成一样大小。

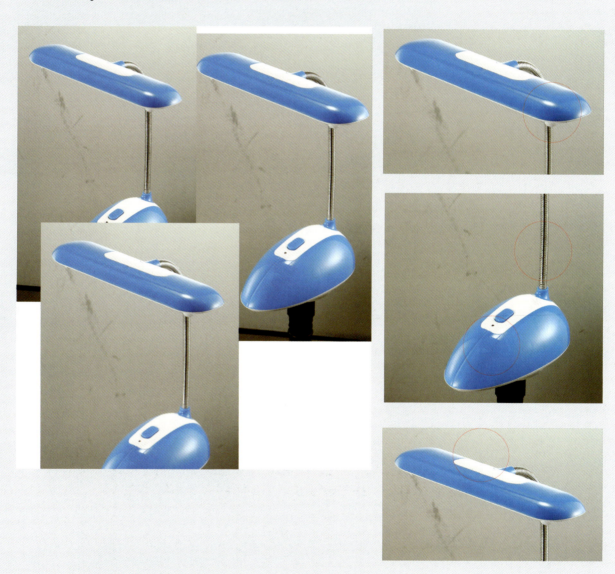

2　在 Photoshop 的菜单栏里找到"Photomerge"功能，单击后会弹出对话框。

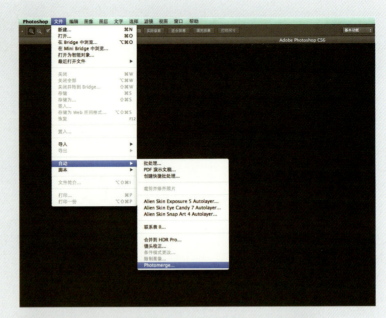

3　单击"浏览"按钮，在文件夹里找到三张图片，单击"确定"按钮。

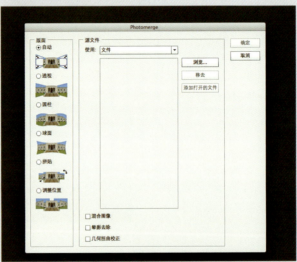

4　合成为同样大小的三图层文件。

5 按下 Ctrl+J 组合键复制三个图层。

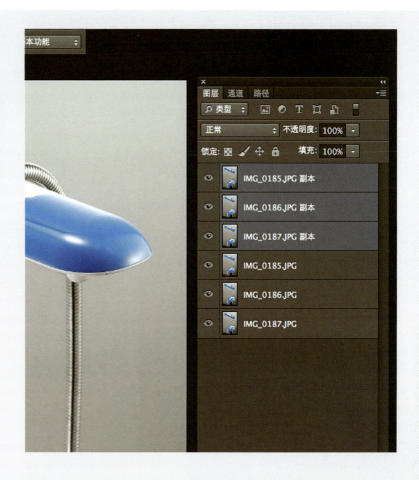

6 在菜单栏里选择"编辑"→"自动混合图层"命令。

7 堆叠图像。

8 现在可以看到,图像各部分是清晰合焦的。

在"图层"面板里,三个复制图层后面已经自动添加了蒙版,方便我们修改。

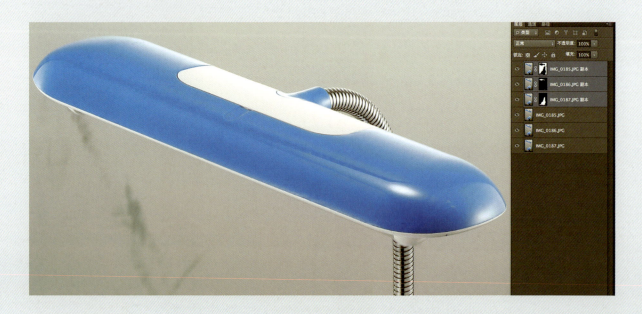

9 自动混合并不能百分百完成工作，图片的结构交接处会出现锯齿状的缺口。可以用画笔擦拭蒙版，显露出该部分的像素。

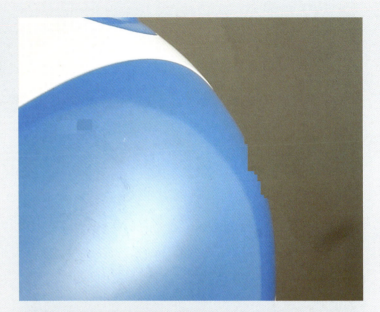

10 灯头这里的突起部分，自动合焦时反而变得像棉花糖一样模糊了，因此我们把"图层"面板底部那个灯头突起最清晰的图层复制一层出来，拖动到最上面，用钢笔工具把这部分抠出来（其他部分可以删除），合成替代模糊的突起部分。

11 按下 Ctrl+Shift+Alt+E 组合键把所有图层合并为一个新图层，得到一张所有部位都清晰合焦的图片。

现在开始正式修图。

按照一贯的修图思路，我们先给图片分结构，然后分别进行修图。

用红线标出台灯的几大基本结构，它们都需要用钢笔工具抠图并形成单独的图层。

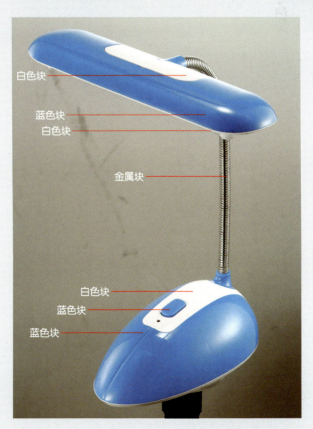

12 用深蓝、浅蓝、红、黑、白不同色块分别标示出所抠出的几大结构。

每个结构都有各自单独的路径（每抠完一个结构之后，单击"路径"面板底部的"创建新路径"按钮）。

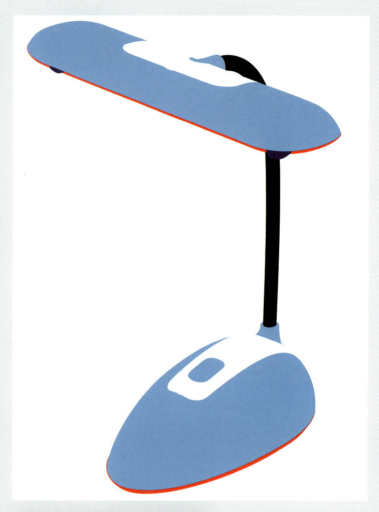

13 可以看到所抠出的结构的（图层）数量。我们将结构分得很细，连最小的凹槽面也抠出了它单独的结构图层。

14 现在，对各个部分进行"清洁"工作，把那些脏乱的杂点先修掉。

你也许担心把某些结构里的高光修掉后，会让这个结构面变得平面、黯淡。不用担心，我们现在只需要修出均匀过渡的色块，之后可以再给结构添加高光，就像我们在其他章节里给瓶子的受光面添加高光一样。

清洁工作也很花时间。我们结合使用修复画笔和仿制图章工具。

灯罩顶端部分修图前后的效果对比如右图所示。

15 你也许会觉得一些圆面、曲面上的反光，以及硬的、乱的、黑的光条很难修干净，是吧？

可别小瞧修复画笔工具，只要你有耐心（用修复画笔工具在那些杂光旁边取样，注意画笔大小和软硬程度），Photoshop 就会自动计算出一个柔和的过渡面。

16 修此处的白色杂光时，画笔要收小一些，让取样点不要碰到上面的白色塑料结构部分——虽然白色塑料部分有它自己单独的图层。

至此，我们已经完成了分结构、去杂光的主要工作，基本上大部分修图工作已经完成了。

因为各个结构是分别处理的，所以整体上的图像效果就十分立体。这绝不是用曲线拉出的强对比效果所能比拟的。一分辛劳一分收获，不是吗？

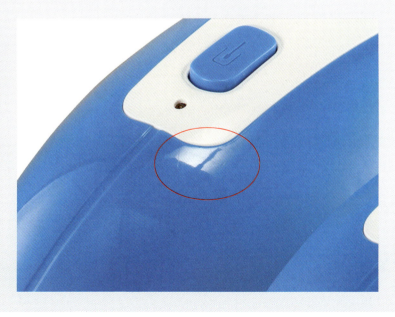

17 由于前期拍摄时,背景是灰色的,灯座的边缘会倒映出一层灰边。

　　新建一个空白图层,用吸管工具吸取附近纯净的蓝色,然后用画笔工具(此时画笔就是刚才吸取的颜色)在灰边上涂抹,即可去掉灰边。

18 灯柱部分。前期拍摄时已尽量保持弧线柔滑,所以只用液化工具轻微地修正即可(可以往里轻推或往外轻拉)。

19 最后一步，画高光。主要是灯座底部的圆曲面上的高光。

到底要不要画高光呢？针对这张图片，其实前期拍摄时各个部分的高光已经基本到位了，所以可画可不画。

不过，我们还是加强一下这部分的高光边缘吧。

新建空白图层，用不同透明度的白色画笔画出淡淡的高光。可以试着把图层的"混合模式"改为"叠加"，若效果不佳则再改回"正常"。

Part 10

手提纸袋制作

你一定碰到过纸袋这种产品。

纸袋类产品,以及纸盒、箱子、立方体等,在拍摄时即使拍摄出了它们逼真的质感,但它们的棱角、线条看起来总是不那么真实。

本章就教你赋予产品强烈突出的棱角、线条、面块,以及产品的结构关系。

我们选取一个表面质感与前面的瓶子类商品完全不同的纸袋来操作。

像纸质手提袋这种非常容易变形，表面又非常容易出现折痕的物品，既可以说好修，也可以说不好修。

说它好修，是因为它没有那么多弯曲面，它的构造基本上就是横平竖直的，我们只需要按照它们的结构去加强效果就可以。

说它不好修，是因为在细致程度上不好把握。比如，边缘转折处的棱角，经验丰富的修图师可以修得很逼真；但是经验少的，或是没有耐心的修图师，可能只是勾个边填个色就算完成了。

下面让我们从抠图开始吧。

原图

效果图

1 我们先在原图上抠图。

先抠取袋身部分，先不用管绳子。抠图时，要随时放大或缩小，以查看抠图的线有没有出位。

2 按下 Ctrl+Enter 组合键将抠出的袋身建立为选区，羽化 0.5 像素，并按 Ctrl+J 组合键将袋身复制为新图层。

3 单击"背景"图层前面的眼睛图标，也就是隐藏原图，只显示抠出来的袋身。

4 回到"背景"图层,开始抠取绳子部分。

把图像放大 300%,继续抠图。

我们需要把绳子提手精确地抠出来。

如果绳子的边缘本身不够柔滑,那么直接把那些不柔滑的多余的坑坑洼洼抠除在外。

要注意,绳子伸进纸袋的顶端部分,得完整地抠取出来。

这一步比较花时间。但是没办法,我们得一点一点地完成任务,急躁不得(我们算是中等速度,抠绳子花了 20 分钟,中间两次起身喝水)。

抠绳子时,不能用魔术棒工具,因为会产生锯齿。

5 下面先介绍有关路径的操作。

在 Photoshop 里,默认状态下,当你抠完袋身并复制为新图层,并接着抠绳子时,"路径"面板里袋身的路径会自动消除,又重新生成绳子的抠取路径。

我们建议你在抠绳子时,在"路径"面板里新建第二个工作路径,保留第一个袋子的工作路径。同样,当再抠取其他部分时,也新建第三个、第四个路径。很多修图新手一开始总是忘记这样做,到后面需要调用某个区域的路径时已经找不到了。

现在我们抠完了绳子,仍然按 Ctrl+Enter 组合键激活选区,羽化 0.5 像素,按 Ctrl+J 组合键复制,并在"图层"面板里把绳子图层拖到袋子图层的上方。

6 在绳子和袋身图层的下方新建一个空白图层，确定工具箱里的"前景色"为白色，按 Alt+Backspace 组合键将这个空白图层填充为白色。

接下来，根据纸袋的 4 个角和竖直边拉几条参考线。

7 确定袋身图层被选中（"图层"面板里是蓝色的）。

按下 Ctrl+T 组合键，出现形状变换框。按住 Ctrl 键，同时拉动变形框右下角的节点，让纸袋的边缘线与蓝色参考线对齐。

变换工具最"不聪明"的地方就在于，当你拉好右下角对齐了一条线，再拉第二个节点时，刚拉到准确位置的右下角节点又有轻微移位。

也就是说，通过按 Ctrl+T 组合键进行变形无法一次性地把所有点、线、面调整到参考线的位置。怎么办呢？

8　我们的做法是：把左边没有对齐的部分剪切出来（形成新图层，校正后再与原图合并），再次对它进行变形（按 Ctrl+T 组合键），使之对准垂直或平行参考线。

9　此时对切块进行变形，方便多了吧？横平竖直的调整就此完成。

10 回到袋身图层。按 Ctrl+J 组合键复制，用修复画笔工具修掉文字。

请注意，纸袋的右侧边缘原先也是微微地往里收缩的，并非直上直下的，因此我们也用修复画笔工具填充好竖直部分，使其"直"得更加完美。

11 用多边形套索工具在袋身正面选择一块区域，通过激活、复制、拖动，把袋身的折痕盖掉。

折痕是使用过的痕迹，不好看，所以要消除。

12 现在，新的覆盖面边缘会出现痕迹。我们给它添加一个蒙版，用不透明度为50%的黑色画笔擦掉痕迹。

13 现在，纸袋袋身的正面十分干净。我们进一步用仿制图章工具把纸袋上的脏点修掉。

为了让修补图层与纸袋图层边缘保持一致，按下 Ctrl+Alt+G 组合键，则修补面就严格位于下方袋身图层的边框之内了。可以在下面截图的"图层"面板里，看到修补图层及其蒙版的左边出现一个向下的箭头。

14 把 AI 设计稿的文字图层直接拖进来。

首先隐藏刚才的修补图层，露出最初的袋身图层上的文字，以便让 AI 文字图层对位。

现在，可以按 Ctrl+T 组合键对文字进行变形，使其大小和透视都与原文字相切合。

在变形时，我们一般无法一次性地使得文字的大小及透视到位，因为原纸袋上的文字间距比例和透视与我们的 AI 文字图层不一样。

因此，在进行变形操作时，得把文字图层一部分一部分地分别进行多次变形，才能完成整个对位。

比如，我们可能先变形 Little，再变形 Dream，再次是 Garden，对它们分别使用 Ctrl+T 组合键进行变形。

更详细的变形操作请参考 Part 4 的内容。

15 我们得给袋身的底部内边加一点黑色，赋予它自然的内阴影。

做法是，在袋身图层上新建一个空白图层，接着按 Ctrl+Alt+G 组合键，把新建图层的像素活动范围限制在下方的袋身图层内。

单击吸管工具，在阴影位置附近的袋身上吸取红色，将图层的"混合模式"改为"正片叠底"，然后用画笔工具顺着袋子底部涂抹，就出现了阴影。

用同样的方式，给袋身的右侧内边也画一条内阴影，可以薄一些。

16 但是观察一下，发现去掉内阴影更真实一些。

那么可以删掉这个图层。是不是觉得白费工夫了（其实也没有白费，它至少给了你一次练习技能的机会）。

17 还记得此前调整纸袋的左侧面竖直参考线的切片吧？

让我们把它调出来，用（60%~70%）仿制图章工具把左侧面和纸袋正面的交界处（即离我们最近的这条棱）修直。

18 对比后发现，虽然侧棱自然的转折折痕修完了，但看上去不太自然。

不用担心，我们后面只需要拉个光带，就可以做出一道折痕。

19 现在，得把侧面分成 3 个部分（即 3 个结构），把它们修平整并校直。

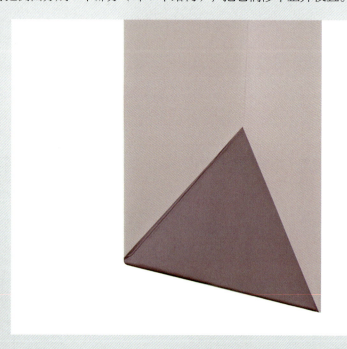

20 抠出3个结构面,这里凸显一下下方的三角形。

21 右侧面需要校直。

按下 Ctrl+Alt+G 组合键,用吸管工具吸取附近的颜色,用仿制图章工具把折痕修掉。

22 用同样的方法，修饰左侧面。

修这里的面时，千万不能用画笔工具去画，那样会失去画面的颗粒质感。

因为侧面的 3 个部分受光不一样，而我们都是在它们各自的部分进行取样的，所以修平整后，3 个面会自然形成明显的对比。

至此，我们还需要做以下工作：检查 3 个面并继续修掉 3 个面里的小脏点；给底部的小三角的底边画一条内阴影。

23 给侧面右棱画一条内阴影。

24 现在，我们得在中间向内折的折痕上画一条高光（不是内阴影。为什么要画高光呢？这是从经验得来的，平时需要多看此类效果图或者光线下的实物图。）

新建空白图层，接着按 Ctrl+Alt+G 组合键限制像素活动范围，然后用白画笔沿内折的折边去画白色高光；白光太明显的话，画完了再降低图层的不透明度。

当然，底部小三角也需要画高光。

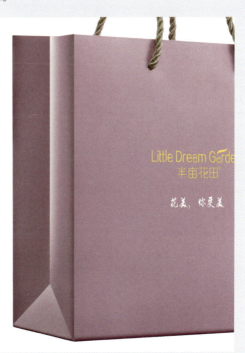

25 请注意细节。我们在最左边内侧也加了一条内阴影和一道淡淡的白光带。再说一次，如果你觉得那些光带太强烈，就降低它们的图层不透明度。

至此，已经基本上修完了。剩下就是做一些收尾工作。

26 因为原纸袋是粉红色的，所以还需要调色。

这个简单。按 Ctrl+U 组合键，调整色相/饱和度，如下图所示。

27 再整体调一下色阶（按 Ctrl+L 组合键），加强对比（否则会觉得图片有点儿灰）。

在这个案例中，绳子不用修，要修的话调整色阶即可。

28 现在，给纸袋做倒影。

按Ctrl+Alt+Shift+E组合键把上述所有效果合并为一个新图层，按M键，选取纸袋底部约影子大小的高度，按Ctrl+J组合键复制为新图层。

29 按Ctrl+T组合键调出自由变换控制框，单击鼠标右键，在弹出的快捷菜单中选择"垂直翻转"命令。

现在的倒影效果太差了。因此把整个画布往下延伸（在菜单栏里选择"图像"→"画布大小"命令，在弹出的对话框中进行设置）。

30 用矩形选框工具（快捷键：M）选出倒影的右边部分，按 Ctrl+T 组合键进行变形。

倒影的左边部分按同样的方法进行操作。

31 为倒影图层添加一个蒙版，用黑白渐变工具（快捷键：G）拉出一个渐变，把图层的"不透明度"改为 80%。

至此，整体工作完成，如果你觉得画面效果还是偏灰，调整色相/饱和度或色阶，加强一下对比度。

Part 11
商业人像精修

商业人像修图与婚纱影楼人像修图的思路完全不一样。

商业人像修图所用的工具超级简单,但是要求却很高,细节必须精致。

别指望用一个磨皮滤镜两三分钟完工——那样谁都能当修图师了。

商业人像修图，其对象基本上都是模特或者明星，修图时要尽量保留皮肤的质感（比如说，让毛孔清晰可见）。

用我们某次谈论一张欧美模特修图作品时所说的话："毛已经去掉一层了，修了跟没修一样，但是十分好看、干净。"——这就是商业修图要达到的效果。

现在，让我们正式修饰模特小棠的一张照片，最后把照片合成为一幅化妆品广告海报。

原图

效果图

我们修图的基本程序是：先修皮肤，再对脸部及五官进行微整形，然后处理不整齐的头发，最后再做整体的调色等收尾工作。

这个程序可能听起来比较简单，但事实上很花时间。比如，单就修皮肤来说，修图师可能要花三四个小时——也就是半天的工作时间，这很正常。

1 每一个人的皮肤上都会出现脏点。

脏点主要分为两种：一种是真的脏点，另一种是或大或小的暗斑。

暗斑面积较大，图中用红圈圈出来的位置，有时候是摄影师打光造成的皮肤上的阴影，有时候是皮肤上的斑。我们修图时花最长时间要对付的"敌人"，主要就是它们。

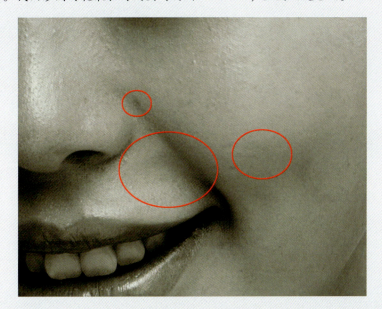

2 脏点有时是皮肤本身自带的，有时是化妆时出现的瑕疵。如下图所示，我们用蓝圈标示了出来。

修完了脏点和暗斑，皮肤就会像前面所说的"修了跟没修一样，但是十分好看、干净"。这和婚纱照修图那种光溜溜的塑料感皮肤效果不同。

3 开始修皮肤时,为了让皮肤上的瑕疵更加明显,我们得加强它们的展示效果。

最直接有效的方法,就是在原图("背景"图层)上面添加两个调整图层——一个"曲线"调整图层、一个"黑白"调整图层,调整出比原图片更强烈的显示效果。

4 "曲线"调整图层和"黑白"调整图层只是用来观察的图层,修完瑕疵后我们会隐藏它们,然后就能看到修好的精美皮肤照片了。

让人哭笑不得的是,经常会遇到一些读者在讨论某些高级技法时,却连拍摄/修图里最基础的知识都不知道。

言归正传,我们在"曲线"调整图层里,拉出一个弯曲度很大的S形曲线,这样一来,原图黑的地方更黑,白的地方更白,因而我们能够更方便地找出暗斑和脏点(但是图像显示还是彩色的)。

当我们再添加一个"黑白"调整图层时,图像的黑白效果就更明显了,这时候,没有了颜色干扰,瑕疵看起来更加明显。

对于经验不够丰富的修图师、摄影师来说,黑白图片在细节检查时似乎比彩色更费力。可以试着把同一张照片的彩色和黑白版本同样放大100%去看细节,就会发现,黑白照片寻找瑕疵更容易(因而修完后的图片更加细腻)。

5 现在,我们在原图的图层(即"背景"图层)之上,两个观察图层之下新建一个空白图层,从额头开始,使用修复画笔工具(在交界线明显的地方则用仿制图章工具)修复皮肤上的小脏点。请记住,皮肤上的小突起也算是脏点。

如下图所示,额头上的头发丝也要顺便修整。

小贴士

①使用修复画笔工具和仿制图章工具时,要选中工具属性栏(Photoshop界面顶端的第二行)"样本"下拉面板里的"当前和下方图层"复选框。

②修脏点时,要不时地放大或缩小图像,但不要一味地放大,因为你可能会把某块区域修得过头了、修糊了。

③先修完脏点再修暗斑,顺序很重要。只有修好了所有的脏点,后面修暗斑时(会用"画笔叠加法")才会在移动一块用来仿制的皮肤时,不会出现意外遗留脏点的情况。

④修皮肤的时间会很长——图片放大200%~300%,数一数人的脸上、手臂上、肩上、胸前有多少黑点和小突起!

⑤修欧美模特的照片时,脸上、唇上、手臂上的汗毛也得像修脏点一样去掉,因此有可能用一天的时间在"除毛"上也毫不奇怪。用修图师的话说就是"修得人想哭!"。

⑥修皮肤是个细活儿,但是皮肤修完,整个修图也就差不多完成了。

⑦化妆品人像修图与婚纱艺术照不同。我们的修图需要200%的干净,并且得调出最真实的肤色,最后可以稍微美白一下。

6 皮肤本身的小突起、小颗粒也算是脏点。在使用修复画笔工具／仿制图章工具取样时就取它们旁边均匀的皮肤。

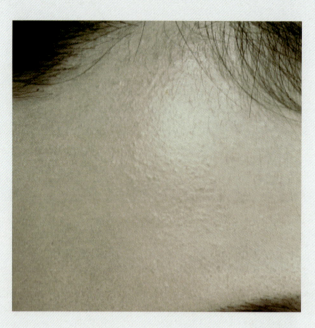

7 修有高光同时又有颗粒的地方，以及汗毛时，要把图片放大，同时把修复画笔工具／仿制图章工具的笔刷缩小。

高光加颗粒的地方经常会出现一个问题，就是这个高光区域里仍然存在不同明暗的斑块，而一个斑块的皮肤纹理和旁边另一斑块的皮肤纹理，明显不一样（我们这里截图对比一下，左边是皮肤修好但是额头侧边的高光颗粒处又存在均匀不一斑块的截图）。

对此经常遇到的问题，只能在操作时更细心。如果仍然有纹理不同的情形，那就用修补工具互相复制，把它们的纹理修复得更一致。

对比截图，你可能觉得脏点去除之后的皮肤"也不怎么好看"，这是因为我们只是去除了脏点，而前面所说的暗斑还没有用"画笔叠加法"开始去除呢。

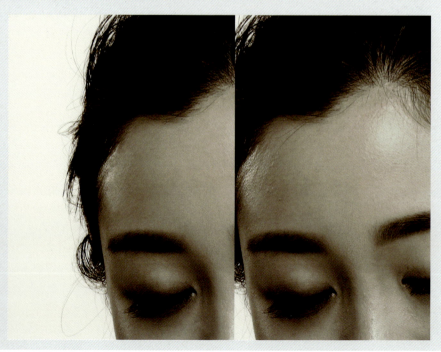

8 人像修图一般需要一天时间,其中皮肤处理的时间最久。

我们把皮肤上能够看到的脏点瑕疵都先处理一遍。如下面两图左右对比,左边是修了的。

修复颈部、胸部、手臂等面积较大的区域时,很多人会忍不住"顺便"把那些大块儿的暗斑用修复画笔工具修掉。不敢说他们这样做对不对,但是你不必如此。那么如何对付暗斑呢?我们接下来就着手处理。

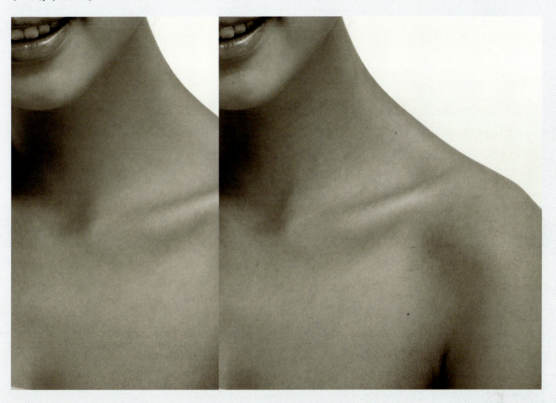

9 承接上面修脏点的步骤,接下来的这一步,我们有两个任务,一是修暗斑,二是同时为脸部的额头、颧骨、鼻梁、下巴的高光区添加高光(以使面部更加立体)。

在刚才修脏点的图层上,我们再次新建一个空白图层,并把图层的"混合模式"改为"叠加"(也可以试试把"混合模式"改为"柔光"。用"叠加"模式修出来的皮肤质感会强一些;用"柔光"模式皮肤质感会柔一些。)

现在,请在截图中查看我们的画笔属性设置:"不透明度"为4%、"流量"为100%。

工具箱里的"前景色/背景色",在默认的黑白之间可以按下X键进行转换,当修暗斑块(把暗斑提亮)时把前景色设置为白色,当修亮斑块时把前景色设置为黑色。前景色就是画笔涂下去的颜色。我们只用黑白两色,以"叠加"混合模式,于是整个图像在使用画笔涂抹时就会显示出提亮或压暗的修饰效果。

一开始修比较明显的斑块时,可以用4%的画笔不透明度;越往后修,越会碰到对比不是太明显的斑块,这时可把画笔的"不透明度"降到2%。如果还是用4%,则可能暗斑一下子会被提得太亮。

画笔的硬度为0。只有修明显的边缘边界、脏点时,我们才会增加画笔的硬度。

这种"画笔叠加法"要比网上流行的"双曲线磨皮法"简洁很多,但效果一模一样。当然,任何方法都没有绝对的好坏,只要精通掌握,都能出效果。

现在,回到我们此处的截图。截图里,嘴唇轮廓上颜色不自然的区域也是要涂抹的。

修鼻子的时候,我们用3%的不透明度,鼻梁的暗部太暗,可以用画笔上下拉动涂抹,把暗部涂亮一些。

鼻梁上的高光带右侧，可以用黑色画笔涂暗一些。

鼻梁整体画完之后，会变得很立体。整个过程就像在画素描。

脸上的其他关键部位，包括额头、下巴、颧骨、眼下三角（摄影里面的"伦勃朗光"的亮光区）都要用白色画笔提亮一些。

因为我们的画笔的不透明度很低，所以这些提亮效果是一点一点慢慢加上来的，从而显得非常自然，但是又让整个面部更加立体。

当我们这样处理完暗斑，同时为脸部添加了高光效果后，脸部基本上就算修完了。

修完后的脸部，其皮肤质感未变。如果我们对付暗斑，也仍然用仿制图章工具，那么多细节的一张脸修下来，皮肤的质感早就变得斑斑驳驳了。

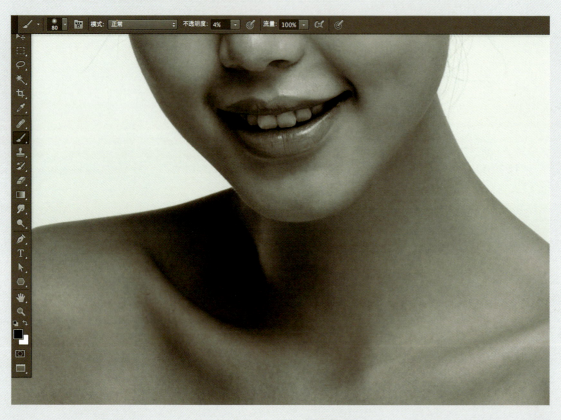

10 下面截图所示为画笔叠加处理前后的效果对比，左边为处理之后的。

可能因为书籍印刷相对于原始截图的画质有所损失，你会看得不太清楚。但重要的是你需要自己操作一次，以体会使用画笔叠加法修皮肤所带来的细腻的差别。

用黑白叠加画笔修到最后，要改进一些微小的黑白斑块，就用1%这个更低的不透明度去微调。

皮肤修完后还得再检查，把之前没修到位的脏点再用修复画笔工具/仿制图章工具补一下。比如，可以隐藏"黑白"调整图层，让图像显示返回彩色状态，再在脏点图层上（激活使之变蓝）把眼角、唇角、鼻头两侧较深的法令纹擦掉或擦淡（调整画笔的不透明度和硬度）；如果你感觉人物嘴唇上的线槽太深，也可以把它们擦掉。

11 经过前面枯燥而漫长的操作，我们已经完成了照片中皮肤的修饰工作。

可以单击"曲线""黑白"两个调整图层前面的眼睛图标，隐藏这两个图层。现在，展现在你面前的是皮肤细腻、质感丰富的人像了。

接下来我们要对人物的面部进行"微整形"。

按下 Ctrl+Alt+Shift+E 组合键，把前面所有的操作效果合并为一个新的图层，我们将在这个图层上进行整形。

关于人物的什么地方需要局部调整，可以根据人的头骨构造，在其最主要的几个转折点——额头、颧骨、下颚骨、鼻梁、下巴，以及眉毛、眼睛的形状上进行。

针对模特小棠，她的五官算是比较标准的，我们只需对下图红圈中所标示出的部位进行整形。

我们使用液化工具。

12 使用液化工具时，把画笔的密度和压力都设置为50这个中等数值。

如果压力设置得太大，效果会很恐怖——一推就是一个坑！可以用极端数值试一试密度的不同设置。

使用液化工具整形的正确操作是：根据人的骨骼走形，让人的轮廓线柔、圆、顺、滑。而具体"整"到什么程度，这个得靠你多练习、多观察。

模特的头部也是，液化时须把头发的外轮廓修圆（头发轮廓周围凌乱的头发毛刺，后面会用其他方法修掉）。

液化时不要太过，注意别把人的头挤扁。

鼻翼太小则拉大一点，太大则推小一点。

13 液化完毕。请与上一步里的图像对比观看。

接下来该做什么呢？修头发？

没错。但在修头发之前，我们因为要做海报，所以得先把模特从背景里抠出来。

14 我们用钢笔工具抠图。千万不要用快速选取工具或魔棒工具，它们抠出的图像边缘犬牙交错。

　　那么问题来了，用钢笔工具抠不出头发边界。

　　这个问题留在下面解决。如下图所示，我们先把头发边缘靠里抠，"吃"进来一点。

15 用钢笔工具闭合抠取的路径后，按下 Ctrl+Enter 组合键，激活抠取范围为选区，按下 Shift+F6 组合键进行羽化，"羽化半径"为 0.5 像素，然后按下 Ctrl+J 组合键将其复制为新图层。

　　单击激活刚才的人物图层，用套索工具选取头发部分——这次则是带头发的，同样将其复制为新图层。新的小面积头发图层与前面抠出的人像头层，位置是重合的。

16 在头发图层的下方新建一个空白图层,并填充一个有颜色的新背景。

17 把头发图层的"混合模式"改为"正片叠底",头发边缘就会与红色背景层相融。这时候,一开始抠出的人像图层,因为它的边缘是"吃"进来的,所以我们能够看到明显的羽化了0.5像素的边界线。

18 把头发图层复制一层（新头发图层的"混合模式"是"正常"，不再是"正片叠底"，于是画面又显示出前面第16步时的样子）。给这个新头发图层添加一个黑色蒙版——按住 Alt 键的同时单击"图层"面板底部的"为图层添加蒙版"按钮，则所添加的蒙版就不是常规的白色蒙版，而是黑色蒙版——黑色蒙版的意思就是"消失"，因此刚才复制的新头发图层又被隐藏了。

在工具箱里单击画笔工具，注意设置"前景色"为白色（即与蒙版相反），然后沿着边界线去擦，你就会发现"入侵"头部的红色头发被清除了，露出了被黑色蒙版隐藏的正常的黑头发。

当你擦得太靠外、画笔跑到头部轮廓之外时，白色的背景就会出现。这时，你得按下 X 键，把"前景色"改为黑色，然后再用画笔擦白色背景。

是的，你得调整画笔大小和硬度，擦出一个尽可能精确的轮廓线。

这一步的目的是显示出一个轮廓精确的头发图像。

19 给第一个头发图层添加一个白色蒙版（你还记得这个图层的"混合模式"是"正片叠底"吧），并用黑色画笔在头发的轮廓之外紧靠着轮廓去擦，这样就会把轮廓之外的杂乱头发隐藏起来。

这一步的目的是隐藏头发轮廓之外的杂乱发丝。

操作上一步和这一步时，两者的交界线就是模特头发的轮廓线，所以你得尽可能细心地去擦蒙版。

画笔硬度一直是0，很软，画笔一直在根据需要放大或缩小。

最后，头发的轮廓边缘既不会有伸进背景里的杂乱发丝，又不会像裁剪一样出现锐利的边缘，而是自然地融进了背景。

20 至此,人像修图完成。把图片存为 PSD 格式,保留所有图层。

当你要制作海报时,可以更换背景为其他颜色或图案。这里添加了不同的背景颜色,供读者参考。

附：模特小棠的另一张修图作品、摄影灯光光位和现场拍摄图。

Part 12
海报最终合成

本章是人像和产品修图的总练兵。

人像元素和产品元素的修图工作完成，接下来我们则要像设计师一样把它们组合到一张海报，统一人与产品的色调、明暗关系，灵活改动，完成修图创作。

本章会演示将模特和修好的瓶子,以及水花素材合成为一张横幅海报的步骤,作为对前面所学内容的综合应用。

1 我们的手稿大致如下图所示。

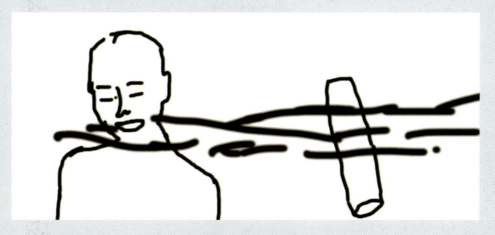

2 我们所用的素材,就是上一章修好的模特小棠的图片。

海报的另一主角是一只补水化妆品瓶,对它的颜色做了着色处理(后面可以看到如何对素材进行着色处理)。

3 在 Photoshop 里新建一个空白文件，宽为 50cm、高为 25cm、分辨率为 300 像素/英寸。

4 把模特、瓶子拖入这个文件。

5 产品素材是我们单独拍摄的,而且还要拍摄很多水的素材,如下图所示。我们将从中选出数张水花效果,合成一个统一的水元素。

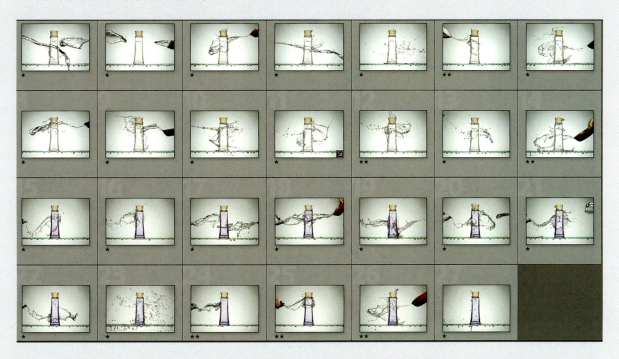

6 把水素材拖入,位置与瓶子对应。很显然,我们将只用水素材的一部分,因此我们要把能用的部分抠出来。

7 水的曲面很多,要想精确选择,抠取时得用钢笔工具。

抠水时,位于瓶身里面的水的边缘也要抠(因而会把一部分瓶底抠出去)。

对于这张图,我们只用水花的右边部分。

8 按 Ctrl+Enter 组合键把抠取的水花部分载入选区,并羽化 0.5 像素,再按 Ctrl+J 组合键复制为单独的图层。

9 为水图层添加蒙版,用不透明度为 60% 的画笔擦掉与瓶身重叠的部分。

10 现在给水上色，使之和瓶子的色调保持一致。

在"图层"面板底部单击"创建新的填充或调整图层"按钮，选择"色相/饱和度"选项，对于这个新出现的调整图层，按下 Ctrl+Alt+G 组合键使其活动范围只局限在下方的水图层范围之内。

然后，在"色相/饱和度"调整图层的调整框里选择"着色"复选框，把"色相"滑块往右拖曳，"饱和度"滑块稍往左拖曳，水就有了与瓶子相近的颜色。

瓶子的木盖部分也会被上色，于是用"蒙版＋画笔"的方式把木盖颜色擦回来。

11 调好了一片水花的效果如下图所示。

12 我们再添加另一片水花。

13 抠取另一片水花，注意要羽化 0.5 像素。

14 同上，用"色相/饱和度"调整图层给它上色，用画笔擦蒙版（请注意都要用 **Ctrl+Alt+G** 组合键局限其范围）。

这一步做完之后，可以把所有的水图层合成为一个新图层。

15 现在，我们得复制一部分水花出来，移动位置，让瓶、水花和模特的面部连接起来。

①复制一部分水花出来。

②按 Ctrl+T 组合键变换复制出来的水花的形状。

16 新的水花右边有明显的切痕（图中黑圈所标注的）。

①复制蓝圈部分的水边缘，用它去修补黑圈部分。

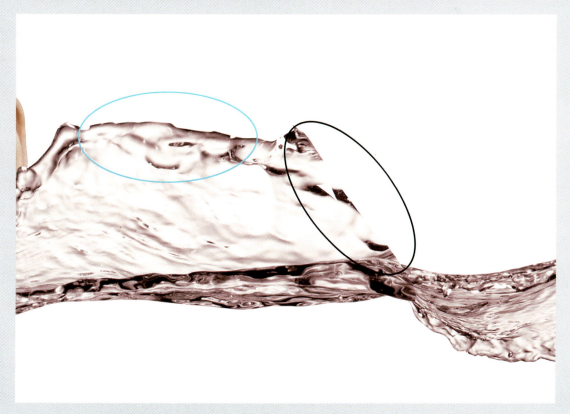

②拖曳"补丁"到下图所示的位置,用蒙版+画笔把接合处处理光滑。

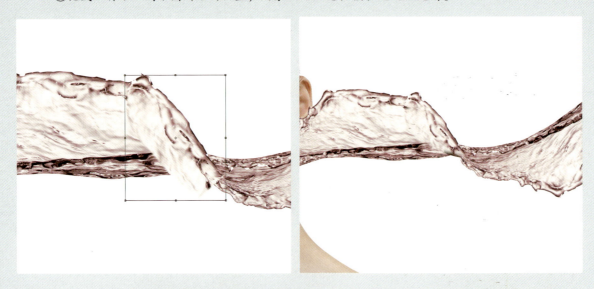

17 观察一下人脸和水的衔接处,这里明显是分离的,因此我们再引入一个素材来连接这两部分。

18 我们使用一张往脸上直接冲水的素材。

19 把新素材拖进相应的位置。

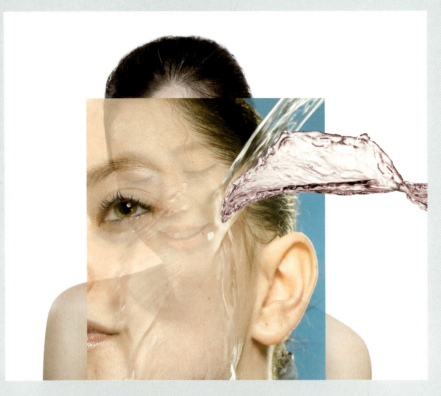

20 给新素材添加一个蒙版，用画笔擦除其余部分，只把需要的水的地方留下来。

21 用蒙版把脸上的高光水斑去掉，把原先的红色水素材也去掉，使它们融合得更自然（当然，现在颜色还没有统一）。

22 现在，脸上的水有点发黄，因此降低它的饱和度，这样就和模特儿的肤色一致了。

23 调整一下水的红色（用调整图层和蒙版），别让它太红，以使色彩过渡自然。

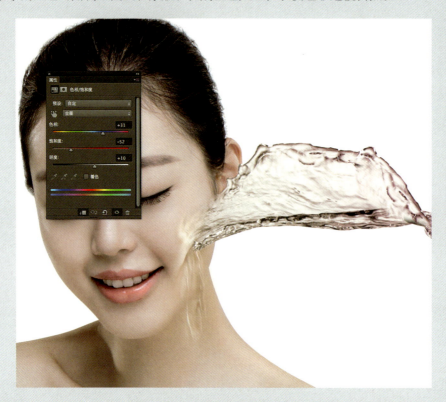

24 至此，模特、水元素、瓶子的组合处理完了（似乎还有什么地方不完美，稍后我们会检查并稍微修整）。

我们得给这个组合加一个背景，拉出纵深层次，以使画面活起来。

首先拉一个渐变背景。

渐变参数如下图所示。

效果如下图所示。

25 加了背景之后，会发现模特的肩膀边缘有点儿硬。

我们在模特人像图层上新建一个空白图层，用白色画笔在模特的肩膀涂抹一下，好像背景的散射光照在了人的皮肤上。

背景的渐变光是红色的，因此对于左边的肩膀，要在粉红背景附近取样，再用低不透明度的画笔涂抹。

经过处理的人的皮肤上的色彩效果很细微，我们对比一下。

26 最后，检查整体效果。

我们发现黑圈标示的部位细节还不完善。比如：模特的腮部靠下的水有点儿多余；瓶身上的水迹也是多余的；瓶子也需要做倒影。

我们找到原先的蒙版，把它们擦除。

至于给瓶子做倒影，具体步骤可以参考前面章节。

27 至此,海报效果制作完成。

我们这里主要讲解合成的方法,至于创意方面,让我们共同进步吧!